理工系の数学入門コース
[新装版]
▼
常微分方程式

理工系の
数学入門コース
[新装版]

常微分方程式
ORDINARY DIFFERENTIAL EQUATIONS

矢嶋信男
Nobuo Yajima

An Introductory Course of
Mathematics for
Science and Engineering

岩波書店

理工系学生のために

数学の勉強は

　現代の科学・技術は，数学ぬきでは考えられない．量と量の間の関係は数式で表わされ，数学的方法を使えば，精密な解析が可能になる．理工系の学生は，どのような専門に進むにしても，できるだけ早く自分で使える数学を身につけたほうがよい．

　たとえば，力学の基本法則はニュートンの運動方程式である．これは，微分方程式の形で書かれているから，微分とはなにかが分からなければ，この法則の意味は十分に味わえない．さらに，運動方程式を積分することができれば，多くの現象がわかるようになる．これは一例であるが，大学の勉強がはじまれば，理工系のほとんどすべての学問で，微分積分がふんだんに使われているのが分かるであろう．

　理工系の学問では，微分積分だけでなく，「数学」が言葉のように使われる．しかし，物理にしても，電気にしても，理工系の学問を講義しながら，これに必要な数学を教えることは，時間的にみても不可能に近い．これは，教える側の共通の悩みである．一方，学生にとっても，ただでさえ頭が痛くなるような理工系の学問を，とっつきにくい数学とともに習うのはたいへんなことであろう．

数学の勉強は外国などでの生活に似ている．はじめての町では，知らないことが多すぎたり，言葉がよく理解できなかったりで，何がなんだか分からないうちに一日が終わってしまう．しかし，しばらく滞在して，日常生活を送って近所の人々と話をしたり，自分の足で歩いたりしているうちに，いつのまにかその町のことが分かってくるものである．

数学もこれと同じで，最初は理解できないことがいろいろあるので，「数学はむずかしい」といって投げ出したくなるかもしれない．これは知らない町の生活になれていないようなものであって，しばらく我慢して想像力をはたらかせながら様子をみていると，「なるほど，こうなっているのか！」と納得するようになる．なんども読み返して，新しい概念や用語になれたり，自分で問題を解いたりしているうちに，いつのまにか数学が理解できるようになるものである．あせってはいけない．

直接役に立つ数学

「努力してみたが，やはり数学はむずかしい」という声もある．よく聞いてみると，「高校時代には数学が好きだったのに，大学では完全に落ちこぼれだ」という学生が意外に多い．

大学の数学は抽象性・論理性に重点をおくので，ちょっとした所でつまずいても，その後まったくついて行けなくなることがある．演習問題がむずかしいと，高校のときのように問題を解きながら学ぶ楽しみが少ない．数学を専攻する学生のための数学ではなく，応用としての数学，科学の言葉としての数学を勉強したい．もっと分かりやすい参考書がほしい．こういった理工系の学生の願いに応えようというのが，この『理工系の数学入門コース』である．

以上の観点から，理工系の学問においてひろく用いられている基本的な数学の科目を選んで，全8巻を構成した．その内容は，

1. 微分積分
2. 線形代数
3. ベクトル解析
4. 常微分方程式
5. 複素関数
6. フーリエ解析
7. 確率・統計
8. 数値計算

である．このすべてが大学1, 2年の教科目に入っているわけではないが，各巻はそれぞれ独立に勉強でき，大学1年，あるいは2年で読めるように書かれている．読者のなかには，各巻のつながりを知りたいという人も多いと思うので，一応の道しるべとして，相互関係をイラストの形で示しておく．

　この入門コースは，数学を専門的に扱うのではなく，理工系の学問を勉強するうえで，できるだけ直接に役立つ数学を目指したものである．いいかえれば，理工系の諸科目に共通した概念を，数学を通して眺め直したものといえる．長年にわたって多くの読者に親しまれている寺沢寛一著『数学概論』(岩波書店刊)は，「余は数学の専門家ではない」という文章から始まっている．入門コース全8巻の著者も，それぞれ「私は数学の専門家ではない」というだろう．むしろ，数学者でない立場を積極的に利用して，分かりやすい数学を紹介したい，というのが編者のねらいである．

　記述はできるだけ簡単明瞭にし，定義・定理・証明のスタイルを避けた．ま

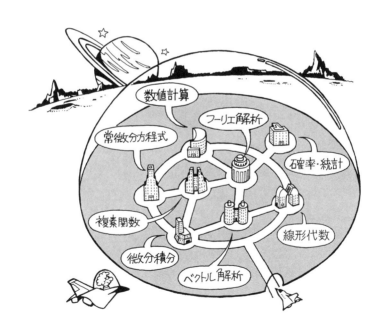

た，概念のイメージがわくような説明を心がけた．定義を厳正にし，定理を厳密に証明することはもちろん重要であり，厳正・厳密でない論証や直観的な推論には誤りがありうることも注意しなければならない．しかし，'落とし穴'や'つまずきの石'を強調して数学をつき合いにくいものとするよりは，数学を駆使して一人歩きする楽しさを，できるだけ多くの人に味わってもらいたいと思うのである．

すべてを理解しなくてもよい

この『理工系の数学入門コース』によって，数学に対する自信をもつようになり，より高度の専門書に進む読者があらわれるとすれば，編者にとって望外の喜びである．各巻末に添えた「さらに勉強するために」は，そのような場合に役立つであろう．

理解を確かめるため各節に例題と練習問題をつけ，さらに学力を深めるために各章末に演習問題を加えた．これらの解答は巻末に示されているが，できるだけ自力で解いてほしい．なによりも大切なのは，積極的な意欲である．「たたけよ，さらば開かれん」．たたかない者には真理の門は開かれない．本書を一度読んで，すぐにすべてを理解することはたぶん不可能であろう．またその必要もない．分からないところは何度も読んで，よく考えることである．大切なのは理解の速さではなく，理解の深さであると思う．

この入門コースをまとめるにあたって，編者は全巻の原稿を読み，執筆者にいろいろの注文をつけて，再三書き直しをお願いしたこともある．また，執筆者相互の意見や岩波書店編集部から絶えず示された見解も活用させてもらった．今後は読者の意見も聞きながら，いっそう改良を加えていきたい．

1988年4月8日

編者　戸田盛和
　　　広田良吾
　　　和達三樹

はじめに

　大部分の学生は，大学に入ったときに将来の進路を決めているので，専門によっては微分方程式の勉強が最初から必要になる．とくに理工系の学生にとってはそうである．この本はそのような学生を意識して書かれた微分方程式の入門書である．

　17世紀半ばの微積分の発見いらい，自然科学と微分方程式のつきあいの歴史は長い．そもそもガリレイの等加速度運動法則の発見そのものが，両者の初めての出会いであったということもできる．それいらい，微分方程式と自然科学とは深いつながりを保ってきている．ある意味では，理工系の学問にとっては微分方程式が言葉の役割を果たしているといってもよいであろう．

　人間は，本性として，占いとか予言に強い関心をもつ．自分の将来がどうなるかは誰でもが知りたいことである．近代科学の原点もまたそこにある．「法則を知り，それを使って未来を予知する」ことが科学の目標であるとすれば，自然科学の法則の大部分が微分方程式で記述されている以上，予知や予言のためには微分方程式を解かなければならないことになる．ところが，一見簡単そうに見える微分方程式でも，解を求めることが非常にむずかしい場合がある．微分方程式の解をどのように求めるかの研究はすでにニュートンとライプニッツの時代から始められ，初等解法とよばれるものの大部分は18世紀に見出さ

れた．それも試行錯誤と計算力を頼りとしながらつくりあげられたのであって，微積分や無限級数についての厳密な理論が登場したのはもっと後のことであった．この歴史の流れにそったわけではないが，この本では厳密な理論よりもむしろ微分方程式の扱い方や解き方を紹介することに重点をおいた．それは，微分方程式に早く慣れるためにも，一般的な定理や厳密な理論にこだわらない方がよいと判断したからである．先に進んで疑問が生じた段階で，もっと基本的な事柄を学んでいただきたい．たとえば，「さらに勉強するために」で紹介してある本のなかから自分に向いたものを選んで勉強するのもよいであろう．

この本では，18世紀の数学者たちにまつわる肩のこらないエピソードをところどころで紹介したが，これらを書くにあたって，

カジョリ(小倉金之助訳)：『初等数学史』，共立出版(1970)

加賀美鉄雄・浦野由有訳：『ボイヤー 数学の歴史4』，朝倉書店(1984)

小堀憲：『18世紀の数学』(数学の歴史5)，共立出版(1979)

C. C. Gillispie: *Dictionary of Scientific Biography*, American Council of Learned Society (1971)

を参考にしている．厳しい時代に学問への情熱を燃やしつづけた過去の人びとの息吹や偉業に接することは，後世に生きる者にとっても有益であろう．暇があれば，これらの歴史もたどってほしい．

最後に，この本を書く機会を与えて下さった戸田盛和，広田良吾，和達三樹の諸先生方にお礼を申し上げたい．これらの先生方からは各章にわたり有益な助言をいただいた．また，この本がいささかでも読みやすくなっているとすれば，それは岩波書店編集部の片山宏海氏のお陰である．氏からは細部にいたるまでコメントを寄せていただいている．この場所をかりて厚くお礼を申し上げておきたい．

1988年7月3日

矢 嶋 信 男

目次

理工系の学生のために

はじめに

1 自然法則と微分方程式 ・・・・・・・・・・ 1
1-1 微積分の予備知識について・・・・・・・・・ 2
1-2 微分方程式の簡単な例・・・・・・・・・・・ 4
1-3 微分方程式の解・・・・・・・・・・・・・・ 7
1-4 微分方程式の用語・・・・・・・・・・・・・ 10
1-5 微分方程式論・・・・・・・・・・・・・・・ 15
第1章演習問題 ・・・・・・・・・・・・・・・・ 17

2 微分方程式の初等解法 ・・・・・・・・・・ 21
2-1 変数分離型方程式・・・・・・・・・・・・・ 22
2-2 同次型方程式・・・・・・・・・・・・・・・ 28
2-3 1階線形微分方程式・・・・・・・・・・・・ 38
2-4 完全微分型方程式・・・・・・・・・・・・・ 45
2-5 非正規型方程式・・・・・・・・・・・・・・ 55

第2章演習問題 ・・・・・・・・・・・・・・・ 66

3 定数係数の2階線形微分方程式 ・・・・・・ 69
3-1 斉次方程式と標準形・・・・・・・・・・・ 70
3-2 斉次方程式と指数関数解・・・・・・・・・ 75
3-3 2階斉次方程式の基本解・・・・・・・・・ 84
3-4 非斉次方程式の解・・・・・・・・・・・・ 89
3-5 非斉次方程式の解法：代入法・・・・・・・ 93
第3章演習問題 ・・・・・・・・・・・・・・・ 98

4 変数係数の2階線形微分方程式 ・・・・・ 101
4-1 斉次方程式と基本解・・・・・・・・・・ 102
4-2 ロンスキアン・・・・・・・・・・・・・ 106
4-3 特別な型の微分方程式・・・・・・・・・ 113
4-4 整級数展開・・・・・・・・・・・・・・ 120
4-5 確定特異点・・・・・・・・・・・・・・ 128
第4章演習問題 ・・・・・・・・・・・・・・ 137

5 高階線形微分方程式
　　　──連立1階線形微分方程式・・・・・・ 141
5-1 連立1階微分方程式と高階微分方程式・・・ 142
5-2 2元連立方程式(I)・・・・・・・・・・・ 147
5-3 2元連立方程式(II)・・・・・・・・・・ 154
5-4 連立方程式の一般論・・・・・・・・・・ 162
第5章演習問題 ・・・・・・・・・・・・・・ 169

6 微分方程式と相空間──力学系の理論 ・・ 173
6-1 物体の運動と相空間・・・・・・・・・・ 174
6-2 微分方程式と力学系・・・・・・・・・・ 182

目　　次 ——— xiii

6-3　自励系の解軌道・・・・・・・・・・・・・188
第6章演習問題・・・・・・・・・・・・・・・204

さらに勉強するために・・・・・・・・・・・207
問題略解・・・・・・・・・・・・・・・・・211
索引・・・・・・・・・・・・・・・・・・・227

```
┌─────────────────────────────┐
│      コーヒー・ブレイク          │
│                              │
│    微積分法先取権戦    19        │
│    ベルヌイ一家     37          │
│    早熟の天才      68          │
│    最大の計算家    83          │
│    $1-1+1-1+\cdots=\frac{1}{2}$    127   │
│    ブレーメンの商館見習い   139   │
│    18 世紀の教授職さがし   171   │
│    カラーテレビの普及率    206   │
└─────────────────────────────┘
```

カット＝浅村彰二

1

自然法則と微分方程式

　自然科学のいたるところで微分方程式が顔をだす．物体の運動や電流の流れかた，放射性同位元素の崩壊など，物理法則のすべては微分方程式で記述されている．それだけに限らない．生物学や経済学の分野でも，状態の変化や変動を数量的に扱う場合には，微分方程式の言葉で語られることが多い．

1-1 微積分の予備知識について

　この本を読むさいに,特別な予備知識は必要でない.最初のうちは,高等学校で習った数学の知識だけで十分である.それらのうちで,微積分に関するものを以下の公式にまとめておく.この公式は,次節以降で必要になれば,公式(A)-3 とか公式(C)のように引用する.先に進んで,もっと高い知識が要るようになったときには,その場で必要なものを説明する.(ただし,以下で a は定数とする.)

(A) 簡単な関数の微積分

1. $\dfrac{d}{dx}x^n = nx^{n-1}$

2. $\dfrac{d}{dx}\log x = \dfrac{1}{x}$ 　　$(x>0)$

3. $\dfrac{d}{dx}\sin ax = a\cos ax$

4. $\dfrac{d}{dx}\cos ax = -a\sin ax$

5. $\dfrac{d}{dx}e^{ax} = ae^{ax}$

6. $\displaystyle\int x^n dx = \dfrac{1}{n+1}x^{n+1}$ 　　$(n \neq -1)$

7. $\displaystyle\int \dfrac{1}{x}dx = \log|x|$

8. $\displaystyle\int \sin ax\, dx = -\dfrac{1}{a}\cos ax$

9. $\displaystyle\int \cos ax\, dx = \dfrac{1}{a}\sin ax$

10. $\displaystyle\int e^{ax}dx = \dfrac{1}{a}e^{ax}$

(**B**) 定数の微分・積分

$$\frac{d}{dx}a = 0$$

$$\int a\,dx = ax$$

(**C**) 和(差)の微分・積分

$$\frac{d}{dx}[f(x)\pm g(x)] = \frac{df}{dx} \pm \frac{dg}{dx}$$

$$\int [f(x)\pm g(x)]dx = \int f(x)dx \pm \int g(x)dx$$

(**D**) 定数倍の微分・積分

$$\frac{d}{dx}[af(x)] = a\frac{d}{dx}f(x)$$

$$\int af(x)dx = a\int f(x)dx$$

(**E**) 積の微分・積分,部分積分法

$$\frac{d}{dx}[f(x)g(x)] = \frac{df}{dx}g + f\frac{dg}{dx}$$

$$\int \left(\frac{df}{dx}g + f\frac{dg}{dx}\right)dx = f(x)g(x)$$

$$\int \frac{df}{dx}g\,dx = f(x)g(x) - \int f\frac{dg}{dx}dx$$

(**F**) 商の微分

$$\frac{d}{dx}\left[\frac{f(x)}{g(x)}\right] = \frac{1}{g^2}\left(\frac{df}{dx}g - f\frac{dg}{dx}\right)$$

(**G**) 合成関数の微分,置換積分法

$F=F(z)$, $\dfrac{dF}{dz}=f(z)$, $z=z(x)$ にたいして

$$\frac{d}{dx}F(z) = \frac{dF}{dz}\frac{dz}{dx} = f(z)\frac{dz}{dx}$$

$$\int f(z)\frac{dz}{dx}dx = \int f(z)dz = F(z(x))$$

(H) 逆関数の微分

$y = F(x)$, $\dfrac{dF}{dx} = f(x)$, $x = F^{-1}(y)$ にたいして

$$\frac{d}{dy}[F^{-1}(y)] = \frac{1}{f(x)} = \frac{1}{f(F^{-1}(y))}$$

1-2 微分方程式の簡単な例

微分方程式の解き方や基本的な性質の説明に入る前に,微分方程式の立て方と用い方を簡単な例によって見てみよう.

[例1] 自己増殖過程. バクテリアなど自己増殖を行なう生物集団は,各個体が分裂を繰り返すことによって増えつづける.このとき,生物集団の個体数はどのように変化してゆくであろうか.

個体数を n で表わすと,n は時間変数 t の関数と考えられる.すなわち,

$$n = n(t) \tag{1.1}$$

である.単位時間当たりの個体数の増分,すなわち増加率は微係数

$$\frac{dn}{dt}$$

で表わされる.すべての個体は同じような仕組みで増えるのであるから,その増加率は各時刻における個体数 $n(t)$ に比例するはずである.そこで比例係数を μ(ミューと読む)とすれば,

$$\frac{dn}{dt} = \mu n \tag{1.2}$$

の方程式が導かれる.これが自己増殖を行なっている生物集団の個体数変化を記述する方程式であって,もっとも簡単な微分方程式の1つになっている.μ は増殖率(あるいはマルサス係数)とよばれ,餌の供給が十分であれば時間によらず一定であると考えられる.

[例2] 同位元素の崩壊過程. 放射性物質は時間とともに一定の割合で崩壊していく.すなわち,その変化率($=dn/dt$)は元素数 n に比例している.n は減っていくので比例係数は負である.そこで(1.2)式で $\mu = -\gamma$(ガンマ)とお

けば，

$$\frac{dn}{dt} = -\gamma n \tag{1.3}$$

が放射性物質の崩壊過程を表わすことになる．γを崩壊定数という．▮

[例3] ロジスティック・モデル．生物の自己増殖過程で個体数が増えると環境の変化が起こって，増殖率の低下を招く．この影響を(1.2)式で

$$\text{増殖率} = \mu\left(1 - \frac{n}{K}\right)$$

の形で考慮したもの，すなわち

$$\frac{dn}{dt} = \mu\left(1 - \frac{n}{K}\right)n \tag{1.4}$$

をロジスティック方程式とよんでいる．この式は$n=K$で$dn/dt=0$となり，$n<K$のときには$dn/dt>0$，$n>K$であれば$dn/dt<0$である．▮

[例4] 伝染理論．伝染病の広がる仕組みを考える．ある地域の人口をN人とする．そのうち伝染病にまだ感染していない人の数をx人とする．したがって，伝染病に感染している人の数は$N-x$人である．伝染は未感染者と感染者とが接触したときに起こるので，単位時間当たりの感染者の増加はxと$N-x$の積に比例していると考えられる．感染者の増加は未感染者数xの減少になるので，比例係数をβ(ベータ)と書くと，

$$\frac{dx}{dt} = -\beta x(N-x) \tag{1.5}$$

が得られる．▮

[例5] 単振動．バネによる質点の微小振動(単振動)も微分方程式で記述される．バネの弾性定数(バネ定数)をk，質点の質量をmとする．バネが自然の長さからxだけ伸びると，質点には$-kx$の復元力がはたらく．バネの伸びxは時間変数tの関数である．

$$x = x(t) \tag{1.6}$$

質点の変位はバネの伸び$x(t)$に等しく，その速度vは，

$$v = \frac{dx}{dt} \tag{1.7}$$

となり，加速度 α ($=$速度の時間変化) は，

$$\alpha = \frac{dv}{dt} = \frac{d^2x}{dt^2} \tag{1.8}$$

したがって，ニュートンの運動方程式 (質量×加速度=力) として，

$$m\frac{dv}{dt} = -kx \tag{1.9}$$

または

$$m\frac{d^2x}{dt^2} = -kx \tag{1.10}$$

の形の微分方程式が得られる．

[例 6] 質点の 1 次元運動．バネ運動にかぎらず，一般の運動はすべて微分方程式で記述される．1 次元運動を考えて，質点にはたらく力の総和を F，変位を x とすると，運動方程式は，

$$m\frac{d^2x}{dt^2} = F(x, t) \tag{1.11}$$

で与えられる (運動の方向を x 方向にとる)．力 F がいろいろな場合の例をあげておく．(以下で ν はニュー，ω はオメガと読む)

(a) 自由粒子の運動 ($F=0$)

$$\frac{dv}{dt} = 0 \quad \text{または} \quad \frac{d^2x}{dt^2} = 0 \tag{1.12}$$

(b) 等加速度運動，落下運動 ($F=mg$，$g=$加速度)

$$\frac{dv}{dt} = g \quad \text{または} \quad \frac{d^2x}{dt^2} = g \tag{1.13}$$

(c) 空気の抵抗を考慮した落下運動 ($F=mg-m\nu v$，$\nu=$抵抗係数)

$$\frac{dv}{dt} + \nu v = g \tag{1.14}$$

(d) 減衰振動 ($F=-kx-m\nu v$，$\omega=\sqrt{k/m}=$振動数)

$$\frac{d^2x}{dt^2} + \nu\frac{dx}{dt} + \omega^2 x = 0 \tag{1.15}$$

1-3 微分方程式の解

上であげた生物集団の個体数や質点の変位などの例にかぎらず，一般に変化している事象は，微分方程式で記述される．それは，現象を支配する法則のなかに，考えている量の変化率(＝微係数)が現われるからである．いったん微分方程式が与えられると，それを満足する未知関数(上の例では $n(t)$ や $x(t)$ など)を求めることによって，事物の変化の様子を知ることができる．一般に微分方程式を満足する関数のことを**微分方程式の解**とよび，解を求めることを**微分方程式を解く**という．

微分方程式の解き方は第2章以降でくわしく述べるが，ここでは微分方程式と解の関係をいくつかの例によって見てみよう．

[例1] (1.2)式の解は

$$n(t) = Ne^{\mu t} \tag{1.16}$$

である(N は定数)．この式が(1.2)式を満たすことは次のように示される．(1.16)式を t で微分して公式 (D), (A)-5 を用いれば，

$$\frac{dn}{dt} = \frac{d}{dt}Ne^{\mu t} = N\frac{d}{dt}e^{\mu t}$$
$$= N\mu e^{\mu t} = \mu n$$

となって，(1.2)式が得られる．すなわち(1.16)は(1.2)式を満たす．図1-1に $n(t)$ の時間変化の様子が示されている．N は $t=0$ での個体数である．時間が

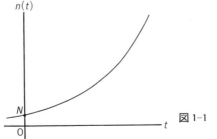

図 1-1　自己増殖曲線(1.16)

たてば個体数は急速に増える.■

[例2] (1.3)式の解は(1.16)で $\mu=-\gamma$ とおいたものに等しい.これは直接代入してみることで確かめられる.■

[例3] (1.4)式の解は

$$n(t) = \frac{AKe^{\mu t}}{K+A(e^{\mu t}-1)} \qquad (1.17)$$

で与えられる.ここで,A は任意の定数である.これが解であることをためす.いきなり微分してもよいが,計算がめんどうになるので,(1.17)式を $\exp(\mu t)$ について解いて

$$Ae^{\mu t} = (K-A)\frac{n(t)}{K-n(t)} \qquad (1.18)$$

の形に直したものを t で微分するとよい.すなわち,

$$A\mu e^{\mu t} = \frac{K(K-A)}{(K-n(t))^2}\frac{dn}{dt}$$

左辺の指数関数を(1.18)を使って書きかえると,

$$\frac{\mu}{K}\frac{n(t)}{K-n(t)} = \frac{1}{(K-n(t))^2}\frac{dn}{dt}$$

となるので,これを整理して(1.4)式を得る.図1-2にこの解の振舞いを示しておこう.A は $t=0$ での n の値になっている.$t \to \infty$ では,A の値によらず n は一定値 K に近づく.$A<K$ であれば,n は単調に増加して K に接近していくが,逆の場合($A>K$)には,n は減少しながら K に近づく.$A=K$ のときは,定数解 $n=K$ が得られる.■

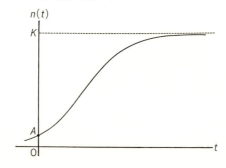

図1-2 ロジスティック曲線(1.17)

[例4] ロジスティック方程式(1.4)で $n/K=x/N$, $\mu=-N\beta$ とおくと，伝染理論の方程式(1.5)が得られることから，(1.5)式の解を得るには，(1.17)式で同じような置きかえをすればよいことがわかる．すなわち，

$$x(t) = AN\frac{e^{-N\beta t}}{K+A(e^{-N\beta t}-1)}$$

である．最初に感染者が1人だけいたとすると，$t=0$ で $x=N-1$ となる．これに相当する A の値は $A/K=(N-1)/N$ で与えられるから，これを上式に入れて

$$x(t) = \frac{N(N-1)}{N-1+e^{N\beta t}} \tag{1.19}$$

を得る．これを t で微分して符号を変えたもの，

$$-\frac{dx}{dt} = \frac{N^2(N-1)\beta e^{N\beta t}}{(N-1+e^{N\beta t})^2} \tag{1.20}$$

は感染者の増加率を与える．この振舞いを図1-3に示す．この曲線を伝染曲線という．∎

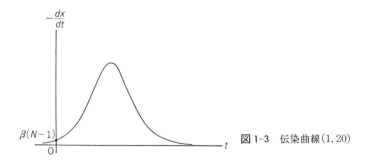

図1-3　伝染曲線(1.20)

[例5] (1.12)式の解は

$$v = v_0, \quad x = v_0 t + x_0 \quad (v_0, x_0 \text{は定数}) \tag{1.21}$$

で与えられる．これが(1.12)式を満たしているのを見るのはやさしい．定数の微分は0であるので

$$\frac{d^2x}{dt^2} = \frac{d}{dt}\left[\frac{d}{dt}(v_0 t + x_0)\right]$$

$$= \frac{dv_0}{dt} = 0$$

[例6] (1.10)式の解は

$$x = A \sin \omega t + B \cos \omega t \tag{1.22}$$

で与えられる(A, B＝定数, $\omega = \sqrt{k/m}$). (1.22)式は項別に微分できるので(公式(C)を見よ),

$$\frac{d^2x}{dt^2} = A\frac{d^2}{dt^2}\sin \omega t + B\frac{d^2}{dt^2}\cos \omega t$$

となる. ここで, 公式(A)-3, 4を繰り返し用いれば

$$\frac{d^2}{dt^2}\sin \omega t = -\omega^2 \sin \omega t$$

$$\frac{d^2}{dt^2}\cos \omega t = -\omega^2 \cos \omega t$$

が示せるので,

$$\frac{d^2x}{dt^2} = -\omega^2(A\sin \omega t + B\cos \omega t) = -\omega^2 x$$

となって, (1.22)が解であることがわかる.

1-4 微分方程式の用語

まず微分方程式の定義とそれに関連した言葉の説明から始める.

微分方程式 連続変数 x の関数 $y(x)$ を考えて, その導関数を

$$y' = \frac{dy}{dx}, \quad y'' = \frac{d^2y}{dx^2}, \cdots, \quad y^{(n)} = \frac{d^ny}{dx^n}$$

と書くことにしよう. この書き方を使うと, 前節で考えた方程式は,

$$y' = \mu y \quad (\mu \text{は定数}) \tag{1.23}$$

$$y'' = a \quad (a \text{は定数}) \tag{1.24}$$

などと表わすことができる. これらは簡単な微分方程式の例であるが, 一般に $y, y', y'', \cdots$ を含む等式

$$F(x, y, y', y'', \cdots, y^{(n)}) = 0 \tag{1.25}$$

を**微分方程式**(differential equation)という．

微分方程式に含まれる導関数の最高階数を微分方程式の**階数**(order)という．

[**例1**] (1.23)式は1階，(1.24)式は2階，(1.25)式はn階の微分方程式である．▌

微分方程式がyとその導関数について有理整式であるとき，最高階の導関数の次数を微分方程式の**次数**(degree)という．たとえば
$$y''^2+2y'^4+y^6+4=0$$
はy'について4次，yについて6次であるが，最高階微係数y''について2次であるので，微分方程式の次数は2である．階数と次数をまとめてn階p次の微分方程式という言い方をする．

[**例2**] (1) $y^4+x^2y'^2-xy'+y''^3=0$ （2階3次微分方程式）

(2) $y^4+x^2y'-y'^2+y^{(3)}=0$ （3階1次微分方程式） ▌

1次の微分方程式のうちで，$y, y', y'', \cdots, y^{(n)}$について1次式になっているものを**線形**(linear)という．

[**例3**] (1) $y'+P(x)y=Q(x)$ （1階線形微分方程式）

(2) $y''+P(x)y'+Q(x)y=R(x)$ （2階線形微分方程式）

(3) n階線形微分方程式の一般形は
$$a_0(x)y^{(n)}+a_1(x)y^{(n-1)}+\cdots+a_n(x)y=0$$ ▌

1次ではあるが線形ではない例もある．たとえばロジスティック方程式$y'=\mu y(1-y/K)$はy'について1次，yについて2次になっているので，1階1次微分方程式であるが線形方程式ではない．このように線形でない微分方程式を**非線形**(nonlinear)という．

これらの微分方程式でx, yは変数であるが，とくにxを**独立変数**(independent variable)，yを**従属変数**(dependent variable)もしくは**未知関数**(unknown function)とよぶ．独立変数が複数個の場合を**偏微分方程式**(partial differential equation)，1個の場合を**常微分方程式**(ordinary differential equation)と区別していうことがある．この本で主に扱うのは後者であって，しかも独立変数を実数に限っておく．

微分方程式に含まれる最高階の微係数について解けた形の微分方程式を**正規型**(normal form)とよぶ．たとえば，1階の微分方程式では

$$y' = f(x, y) \tag{1.26}$$

の形式のものが正規型であり，n階の微分方程式では

$$y^{(n)} = f(x, y, y', y'', \cdots, y^{(n-1)}) \tag{1.27}$$

が正規型である．これに対して，最高階の微係数について解けていない形式のものを**非正規型**という．

[例4] (1.23)式や(1.24)式は正規型である．

$$y'^2 - \mu^2 y^2 = 0 \tag{1.28}$$

$$y'^2 - xy' + y = 0 \tag{1.29}$$

などは非正規型である．▮

解と積分 微分方程式を満足する関数を**解**(solution)という．また，解を求めることを，微分方程式を**解く**(solve)，または**積分する**(integrate)という．

[例5] 関数

$$y(x) = Ce^{\mu x} \tag{1.30}$$

は(1.23)式の解である(1-3節例1で示した)．▮

一般解 一般にいくつかの任意定数を含んだ関数がある微分方程式の解の全体を表わしている場合，その関数を考えている微分方程式の**一般解**(general solution)とよぶ．

[例6] (1.30)は(1.23)式の一般解である．これを見るには次のようにすればよい．(1.23)式の任意の解を$y(x)$として，

$$R = ye^{-\mu x} \tag{1.31}$$

で定義された関数Rをxで微分する．公式(E), (A)-5から

$$\frac{dR}{dx} = \frac{dy}{dx}e^{-\mu x} + y(-\mu e^{-\mu x})$$

$$= \left(\frac{dy}{dx} - \mu y\right)e^{-\mu x} = 0$$

が得られる．ここで最終行の結果はyが(1.23)式を満たすことから得られる．

$dR/dx=0$ であるから，$R=$ 定数 $=C$ でなければならない．そこで (1.31) 式は

$$ye^{-\mu x} = C$$

となるので，これからただちに (1.30) が得られる．すなわち，任意の解 $y(x)$ は (1.30) の形で与えられることが分かった．いいかえると，この定数 C を任意に選ぶことにより (1.23) 式の解のすべてをつくすことができるのである． ▮

　この例では任意定数は 1 個しかなかったが，あとで分かるように，微分方程式が高階になると任意定数の個数は増える．一般に，n 階の微分方程式では一般解は n 個の任意定数を含む．

特解と初期値問題　一般解に含まれる任意定数を決めると，無数の解のなかから 1 つの解を選ぶことができる．このように任意定数に特定の値を入れた解のことを**特解**(particular solution)，または**特殊解**とよぶ．

　[例 7]　一般解 (1.30) において，ある点 x における y の値を指定すれば，C の値が定まる．すなわち特解が 1 つ決まる．たとえば，$x=a$ で $y=A$ とすると，(1.30) から

$$A = Ce^{\mu a}$$

となり，$C=Ae^{-\mu a}$ を得る．この C を (1.30) に代入すると，

$$y = Ae^{\mu(x-a)}$$

が得られる．これは特解である． ▮

　この例のように，ある点で解に含まれる定数をきめて特解を求める問題を**初期値問題**(initial value problem)とよび，その条件を**初期条件**(initial condition)，もしくは**初期値**(initial value)という．またこの本では，初期値問題の解のことを簡単に**初期値解**ということにする．上の例では，$y(a)=A$ が初期条件 ($=$ 初期値) であった．

　n 階微分方程式では，n 個の初期条件を与えなくてはならないが，ふつうは適当に選んだ点 x における $y, y', y'', \cdots, y^{(n-1)}$ の値を決めることによって与える．たいていの場合には初期値が与えられれば微分方程式の解はただ 1 つに決まる．これを初期値問題における解の**一意性**(uniqueness)という．一意でないこともあり得るし，場合によっては初期値問題の解が存在しないこともあり得

るが，このことはあとで述べられる．

解曲線　解をグラフで表わしたものを**解曲線**(solution curve)，または**積分曲線**(integral curve)という．一般解は任意定数を含むので解曲線は無数にある．

[例8]　(1.30)式の任意定数 C にいろいろな値を入れると，それに応じて異なった解曲線がひかれる(図1-4)．この無数にある解曲線のうちで $y(0)=N$ の初期条件を満たすものが図1-1に相当する(変数を $n \to y$, $t \to x$ として，$t>0$ で眺めよ)．▮

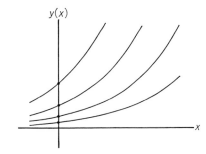

図 1-4　(1.23)式 $y'=\mu y$ の一般解：$y = C \exp(\mu x)$．任意定数 C の値に応じて，異なった解曲線がひかれる．

このように，一般解に含まれる任意定数 C_i $(i=1, 2, \cdots, n)$ に応じて解曲線がいくつもできることを，「C_i をパラメーターとして解曲線が**族**(family)をつくる」といういいかたをする．パラメーターが n 個ある族を **n パラメーター族**とよぶ．図1-4の例では，解曲線は**1パラメーター族**(one-parameter family)をつくっている．パラメーターは**径数**，または**助変数**ともよばれる．それに応じて **n 径数族**(n 助変数族)といったよびかたをすることもある．

初等解法，求積法　微分方程式の解を求める方法を**解法**(method of solution)という．そのうちで微分・積分，四則演算，対数法則，指数法則などを組み合わせて，解を具体的に求める方法を**初等解法**(elementary method of solution)，あるいは**求積法**(quadrature)とよぶ．もちろん組み合わせるといっても，有限回の操作で解が得られなければ実用的には意味がないことは明らかである．

[例9]　(1.24)式を解いてみよう．2階微分は微分の微分のことであるから，

方程式は

$$\frac{d}{dx}y' = a$$

両辺を積分する．

$$\text{左辺} = \int \frac{dy'}{dx}dx = y', \quad \text{右辺} = \int a\,dx = ax$$

これから，

$$y' = ax + c \quad (c：積分定数)$$

さらに，この両辺を積分する．

$$\text{左辺} = \int y'dx = y, \quad \text{右辺} = \int (ax+c)dx = \frac{a}{2}x^2 + cx$$

最終的に，

$$y = \frac{a}{2}x^2 + cx + d \quad (d：積分定数)$$

が求まる．これを導くにあたって，1-1節の積分公式が使われているに過ぎない(まさに初等解法!)．なお，この例では，一般解は2パラメーター族をつくる(パラメーターはc, d)．┃

解に現われる任意定数は積分定数に関連していることがこの例からわかる．前でものべたが，一般解に含まれる任意定数の個数は微分方程式の階数で決まる．(1.24)式では微分方程式は2階であったので，2度の積分で答が求められ，積分定数すなわち任意定数は2個であった．したがって，n階の微分方程式ではn個の任意定数が一般解に現われることになる．

1-5　微分方程式論

この本は，読者に微分方程式の扱いかたや解く手法を理解させることに第一のねらいを置いているが，同時に，微分方程式の基本的性質に慣れ親しんでもらうことも考えている．

これまで，簡単な例題により自然の法則がいかに微分方程式で表現されるか

を見てきた．いったん微分方程式が与えられると，それを解けば事物の状態，あるいは変化の様子がわかる．この事情はここでとりあげた例題だけに限らない．物理学をはじめ化学などの理学系の学問はもとより，機械，電気，建築，土木など工学系の学問においても，現象を支配する微分方程式を求め，それを解くことによって結果を予測したり判断することが行なわれている．また，生物や生態系，さらには社会科学の分野においても数理モデルによる考察が常識的になっていて，微分方程式は今では学問のあらゆる分野で登場してきているのである．

　それでは，微分方程式はどのように解けばよいのか．解を求めるための一般公式はあるのだろうか．この章で考えた例では簡単な積分操作で解が求められた．このような初等解法はいまではいろいろなタイプの方程式ごとに整理されているので，これをしっかりと身につけておくことが望ましい．ただ初等解法でうまく解ける方程式の例は限られていて，現実的な問題では初等的に解けない場合のほうが多い．そのときには数値解法が解を具体的に求めるための強力な手段になる．しかし，計算機を効率的に使いこなすためにも，与えられた初期条件を満たす解が存在するかどうか，存在するとすればどのように振る舞うかなどを，あらかじめ知っておくことは有効である．したがって，微分方程式の初等解法をマスターすると同時に，微分方程式の基本的性質についても，ある程度の理解をもつことが大切になる．このような微分方程式についての総括的な学問を**微分方程式論**(theory of differential equation)とよんでいる．

　それでは，微分方程式の解が初等解法でみつからない場合に，いかにして初期値解の振舞いを知ればよいのだろうか．問題は2つに分けられる．1つは，与えられた初期値を満足する解の存在や一意性を明らかにすることである．これは，初期値の近傍での解の性質と振舞いを調べる問題に帰着され，微分方程式の**局所理論**とよばれている．次のステップは，ある初期値から出発した解が，変数の全域でどのように振る舞うかを把握することである．たとえば，独立変数が十分大きくなると解はいくらでも大きくなるのか，それとも一定値に近づくのかなどを知る問題である．このように，解の定性的な挙動をつかむことは，

微分方程式論の立場からも，実用的な立場からも重要な意味をもっているが，この学問を微分方程式の**大域理論**，あるいは**力学系の理論**とよんでいる．

第 1 章 演 習 問 題

[1] 次の不定積分を行なえ．

(1) $\displaystyle\int \frac{1}{\sin x}\,dx$ (2) $\displaystyle\int \frac{1}{\cos x}\,dx$

(3) $\displaystyle\int \frac{1}{1+x^2}\,dx$ (4) $\displaystyle\int \frac{1}{\sqrt{1-x^2}}\,dx$

(5) $\displaystyle\int \frac{1}{\sqrt{1+x^2}}\,dx$ (6) $\displaystyle\int \log x\,dx$

(7) $\displaystyle\int xe^x\,dx$ (8) $\displaystyle\int x^3 e^x\,dx$

(9) $\displaystyle\int x\sin x\,dx$ (10) $\displaystyle\int x\cos x\,dx$

[2] カッコ内の関数が以下の微分方程式を満たすことを確かめよ．

(1) $\dfrac{dv}{dt}=g$ ($v=gt+v_0$, $v_0=$定数)

(2) $\dfrac{d^2x}{dt^2}=g$ ($x=\dfrac{1}{2}gt^2+v_0 t+x_0$, $x_0, v_0=$定数)

(3) $\dfrac{dv}{dt}+\nu v=g$ ($v=\dfrac{g}{\nu}+v_0 e^{-\nu t}$, $v_0=$定数)

(4) $\dfrac{d^2x}{dt^2}=-\omega^2 x$ ($x=X\sin(\omega t+\theta)$, $X, \theta=$定数)

(5) $y'=\mu y$ ($y=Ce^{\mu x}$, $C=$定数)

(6) $y'^2-xy'+y=0$ ($y=Cx-C^2$ および $y=\dfrac{x^2}{4}$, $C=$定数)

(7) $y''=\mu^2 y$ ($y=Ae^{\mu x}+Be^{-\mu x}$, $A, B=$定数)

(8) $y'=x(y-1)$ ($y=1+Ae^{x^2/2}$, $A=$定数)

[3] $\dfrac{d^2x}{dt^2}+\nu\dfrac{dx}{dt}+\omega^2 x=0$ の解は

(a)　$\omega^2 - \dfrac{\nu^2}{4} = \Omega^2 > 0$

　　$x = X\sin(\Omega t + \theta)e^{-\nu t/2}$

(b)　$\omega^2 - \dfrac{\nu^2}{4} = -\gamma^2 < 0$

　　$x = (Ae^{\gamma t} + Be^{-\gamma t})e^{-\nu t/2}$

で与えられる $(X, \theta, A, B=$定数$)$ ことを確かめよ.

[4] $y = A\sin(\lambda x + \theta)$ は

$$y^{(4)} = \lambda^4 y$$

を満たすことを確かめよ．また，$y = B\sinh(\lambda x + \phi)$ も，この方程式の解であることを確かめよ $(A, B, \theta, \phi = $定数；$\sinh z = (e^z - e^{-z})/2)$．

微積分法先取権戦

6a cc dæ 13e ff ….これは，ニュートンが王立協会あての手紙のなかで微分(彼自身は流率法とよんでいた)の発見についてふれた部分である．いちど書いた文章をバラバラにしてアルファベット順に並べ変えてあるので，その中身はニュートン自身がプリンキピアの初版でタネ明しをするまで誰も判読できなかった．研究が完成するまで公表を避け，しかもライプニッツに対して先取権を守るための手段であったといわれている．その後，ライプニッツがニュートンと独立に微積分法を発見したかどうかについてイギリスと大陸の数学者の間で争いが起こったが，いまでは，ニュートンが10年ほど先んじていたものの，ライプニッツの発見はそれとはまったく独立であったことが明らかにされている．

しかし，この先取権争いのなかで，ニュートンの支持者たちがライプニッツに対して公正さを欠いていたために，それが原因でイギリスと大陸の数学者の関係は疎遠になる．このギスギスした関係のなかで，イギリス側はその後の18世紀の数学の発達から取り残されることになる．面白いことに，この期間に両陣営の数学者たちは難問を爆弾代りにぶつけあって相手方をやりこめようとしている．例えば「与えられた曲線に直交する曲線群を求めよ」とか「速度の2乗に比例した抵抗があるときの物体の運動を問う」とか，いまでも試験問題にでも出したいようなものが両陣営から出されている．一般に，公開で学問上の問題について力を競いあう習慣はそれ以前からのものであったらしいが，動機はどうであれ，論争の結果は数学の発展におおいに役立った．

2

微分方程式の初等解法

微積分法の発見と同時に微分方程式を解く研究は始まっている．しかし，そのままで簡単に解ける方程式は少ない．そこで，変数の置きかえや式の書きかえなどを使って解を探し出すテクニックが，18世紀の初めから考案されてきた．それらは初歩的な知識の組合せだけで成り立っているが，微分方程式の基本であるのでシッカリと身につけておこう．

2-1 変数分離型方程式

次の1階の微分方程式を考える.

$$\frac{dy}{dx} = X(x)Y(y) \qquad (2.1)$$

右辺は x の関数 $X(x)$ と y の関数 $Y(y)$ の積の形に書けている. この形式の微分方程式を**変数分離型**(variables separable)とよぶ.

[例1] $y'=\mu y$ (自己増殖過程): $X(x)=\mu$, $Y(y)=y$
[例2] $y'=x(1-y)$: $X(x)=x$, $Y(y)=(1-y)$
[例3] $y'=\mu y\left(1-\dfrac{y}{K}\right)$ (ロジスティック・モデル): $X(x)=\mu$, $Y(y)=y\left(1-\dfrac{y}{K}\right)$

$X(x)$ と $Y(y)$ への分け方は1通りではない. たとえば, 例1では $X(x)=1$, $Y(y)=\mu y$ としてもよいし, 例2では $X(x)=-x$, $Y(y)=(y-1)$ とすることもできる.

(2.1)式のタイプの方程式は次のように解く.

(2.1)の両辺を $Y(y)$ でわって,

$$\frac{1}{Y(y)}\frac{dy}{dx} = X(x) \qquad (2.2)$$

と書き直す. この両辺を x で積分する. 左辺の積分を実行するさいに, 公式(G)で $z=y$, $f=1/Y(y)$ としたものを用いて,

$$\int \frac{1}{Y(y)} dy = \int X(x) dx + c \qquad (2.3)$$

が得られる. ここで c は積分定数である. 両辺の積分が実行できれば, 解を書き下すことができる. 積分がたとえ既知の関数によって表わせなくても, ここまでくれば数値計算などを実行すれば解の挙動を知ることができる. ふつうは, 解を $y=F(x)$ のような形に書けていなくても, (2.3)式の段階で, 微分方程式は解けたという.

もし，$Y(y_0)=0$ をみたす y_0 があれば，(2.3)以外に，
$$y = y_0 \tag{2.4}$$
も(2.1)式の解になる．じっさいに $y=y_0$ とおくと，つねに $y'=0$ と $Y(y_0)=0$ がみたされるので，解であることが確かめられる．

例題 2.1 $y'=\mu y$ を解け．$y>0$ の範囲で考えよ．

[解] これは(2.1)式で $X(x)=\mu$, $Y(y)=y$ とおいたものになる．そこで，(2.3)に相当した式は
$$\int \frac{1}{y}\frac{dy}{dx}dx = \int \mu dx + c$$
となる．各辺の積分は，それぞれ
$$\int \frac{1}{y}\frac{dy}{dx}dx = \int \frac{1}{y}dy = \log y, \quad \int \mu dx = \mu x$$
となることから，y と x の関係式として，
$$\log y = \mu x + c$$
を得る．これを y について解けば，答として
$$y = Ae^{\mu x}, \quad A = e^c$$
が得られる．また，(2.4)式のタイプの解は $y=0$ である．定数 A のとりうる範囲など，答の吟味については例題 2.2 の説明を参照せよ．∎

(2.3)式はその結果だけを見れば，ちょうど(2.2)式の dy/dx から分母の dx を右辺に移項して積分記号をつけたした格好になっている．そのことに目をつけて，「(2.1)の両辺に $dx/Y(y)$ をかけて
$$\frac{dy}{Y(y)} = X(x)dx \tag{2.5}$$
の形にする」という言いかたをする場合がある．この言いかたは必ずしも正確ではないが，よく用いられている．というのは dx, dy を変数 x, y の微小変化と考えれば，(2.5)式は(2.3)式の微分形式に相当しているからである．

(2.5)式では，左辺は y だけの関数 $Y(y)$ とその変化分 dy だけを含み，右辺は x だけの関数 $X(x)$ とその変化分 dx だけを含む．このように 2 変数 (x,y) を左辺と右辺に分離した微分形式にかくことを，**変数分離** (separation of variables)とよんでいる.

　変数分離は微分方程式を解くときの基本である.どんな方程式でも,それを初等解法で解こうとする場合には,いろんなテクニックを使って与えられた方程式をこの形に書きかえて解くのである.うまく解けるか解けないかは,すべてこの「書きかえ(＝変数変換)」が成功するか否かにかかっている.「書きかえ」のやりかたは微分方程式のタイプごとに特有のパターンがあるので,それに慣れることが大切である.

例題 2.2 $y'=x(1-y)$ を解け.

[解] 書き直して

$$\frac{dy}{y-1} = -xdx$$

の形に変数分離する.したがって(2.3)に相当した表式は

$$\int \frac{dy}{y-1} = -\int xdx + c$$

となる.公式(A)-7,(G)を使えば,

$$\int \frac{dy}{y-1} = \log|y-1|$$

を得る.また,公式(A)-6を使って,

$$\int xdx = \frac{1}{2}x^2$$

となる.これらを用いれば,

$$\log|y-1| = -\frac{1}{2}x^2 + c$$

である(c＝積分定数).これを書き直して,$C=e^c$ とすると,

$$y = 1 \pm Ce^{-x^2/2}$$

という一般解が得られる.＋符号は $y-1>0$ に対応していて,－符号は逆の場合である.ここで $A=\pm C$ とすると,

$$y = 1 + Ae^{-x^2/2}$$

が得られる(第1章演習問題 **[1]**-(8)の解とくらべよ).ここで,A は任意定数

で正負いずれの値も許される．とくに $A=0$ のときには $y=1$ という定数解が対応している．これは，$Y(y)=y-1=0$ の解でもあるので，ちょうど (2.4) の特解に相当する．この例では特解 (2.4) が一般解の特殊な場合としてそのなかにうまく含まれていたが，そうでないケースもある (2-5 節 非正規型方程式の項を見よ)．図 2-1 に，$A=1, 0, -1/2$ の場合の解曲線が示されているが，定数解 $y=1$ は，解曲線を $A>0$ と $A<0$ の 2 群に分けている．▮

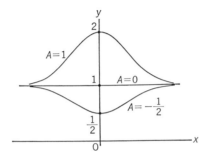

図 2-1　$y'=x(1-y)$ の解曲線：　$y=1+Ae^{-x^2/2}$

上では $1/(y-1)$ の積分を $\int dy/(y-1)=\log|y-1|$ としたが，$y-1$ の正負にこだわらずに $\log(y-1)$ としても正しい結果を得ることができる．このとき

$$\log(y-1) = -\frac{1}{2}x^2+c'$$

となり，これに応じて

$$y = 1+A'e^{-x^2/2}$$

が得られる ($A'=e^{c'}$)．この表式は c' が実数であると考えるかぎり，$A'>0$ の場合しか含まないが，c' を実数にかぎらず複素数の範囲にまで広げて考えれば，$A'<0$ の場合も含むことができる (本コース第 5 巻『複素関数』を参照せよ)．

例題 2.3　$y'+\nu y=g$ ($\nu, g=$ 定数 $\neq 0$) を解け．

[解]　一般解から求める．整理すれば $y'=-\nu(y-g/\nu)$ となるので，変数分離をして，

$$\frac{dy}{y-g/\nu} = -\nu dx$$

となる．これを積分して $\log|y-g/\nu|=-\nu x+c$ ($c=$ 積分定数)，すなわち

$$y = Ae^{-\nu x}+\frac{g}{\nu}, \quad A = \pm e^c$$

を得る．ここで $x\to\infty$ とすると y は一定値 g/ν に接近する．もともとこの極限値 $y=g/\nu$ は，$Y(y)=y-g/\nu=0$ に対応した特解になっているが，これは上の一般解で $A=0$ としたものである．この特解によって，解曲線は $A>0$ と $A<0$ の2群に分離される（図 2-2 を見よ）．

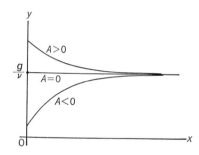

図 2-2　$y'+\nu y=g$ の解曲線：　$y=Ae^{-\nu x}+g/\nu$

例題 2.4　$y'=1-y^2$ を解け．

[解]　変数分離すれば，$dy/(y^2-1)=-dx$ である．

$$\int \frac{1}{y^2-1}dy = \int \frac{1}{2}\Big[\frac{1}{y-1}-\frac{1}{y+1}\Big]dy$$
$$= \frac{1}{2}\log\Big|\frac{y-1}{y+1}\Big|$$

を用いると，$\log|(y-1)/(y+1)|=-2x+c$ となるので，$A=\pm e^c$ として，

$$y = \frac{1+Ae^{-2x}}{1-Ae^{-2x}}$$

という一般解を得る．$Y(y)=0$ に対応した特解は，$y^2-1=0$，すなわち $y=\pm 1$ である．これは，上の一般解で $A=0$ または $|A|=\infty$ とおいたものに等しい．やはりこの場合も図 2-3 に示すように，解曲線群は定数解 $y=\pm 1$ によって分離されている．

例題 2.5　不可逆的な化学反応 $A+B\to C$ において，反応速度定数を k として，時刻 t における C の濃度 x を求めよ．ただし，$t=0$ で A,B の濃度はともに N であり，C の濃度は 0 であるとする．

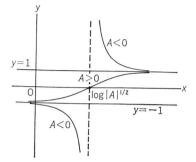

図 2-3　$y'=1-y^2$ の解曲線：$y=\dfrac{1+Ae^{-2x}}{1-Ae^{-2x}}$

[解]　まず，方程式をたてる．化学反応によって C が x だけ生成されると，A, B の濃度は減って，$N-x$ になる．単位時間当たりの反応数は A と B の濃度の積に比例して $k(N-x)^2$ に等しい．したがって単位時間当たりの x の増加は

$$\frac{dx}{dt} = k(N-x)^2$$

で与えられる．この方程式を変数分離法により積分すると，

$$\int \frac{1}{(N-x)^2} dx = kt+c$$

となる．左辺 $=\dfrac{1}{N-x}$ であるから，$\dfrac{1}{N-x} = kt+c$ となって，一般解として

$$x = N - \frac{1}{kt+c}$$

を得る．ここで，初期条件 $x(0)=0$ から $c=1/N$ となるので，初期値解は

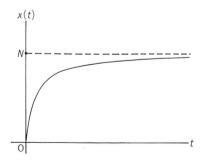

図 2-4　化学反応における生成物質の時間変化：$x(t) = \dfrac{N^2 kt}{1+Nkt}$

$$x(t) = \frac{N^2 kt}{1+Nkt}$$

である.この結果を図 2-4 に示す.この解は $t \to \infty$ で極限値 $x \to N$ をとる.この状態で,物質 A, B はすべて物質 C に転換されている.物質 C への完全な転換に無限の時間が必要となるのは,反応が進行するにつれて A, B の濃度が低くなって反応数が減少し,C の生成速度が遅くなるためである.∎

──────────────── **問 題 2-1** ────────────────

1. 次の微分方程式を変数分離法により解け (μ, K＝定数$\neq 0$).

(1) $y' = -\mu y$ (2) $y' = \dfrac{x}{y}$

(3) $y' = \mu y \left(1 - \dfrac{y}{K}\right)$ (4) $y' = (1+x)\sec y$

(5) $(x+xy)y' = (y-xy)$ (6) $(x+1)y' - x(y^2+1) = 0$

(7) $y^2 y' + xy^3 = x$ (8) $y' + y\tan x = 0$

2. $y' = ax + by$ (a, b＝定数$\neq 0$) を解け.

〔ヒント〕 $z = ax + by$ とすると,z の方程式は変数分離形である.

───

2-2 同次型方程式

$$y' = f\left(\frac{y}{x}\right) \tag{2.6}$$

のタイプの微分方程式を**同次型** (homogeneous type) という.

　[例 1] $y' = -x/y$.$u = y/x$ とすると (2.6) 式で $f(u) = -1/u$ の場合になるので,同次型方程式である.また,この例は変数分離型でもある ($X(x) = -x$,$Y(y) = 1/y$).∎

　同次型の微分方程式は (2.6) よりももっと一般的に定義できる.すなわち,x, y について次数の等しい 2 つの同次式 $p(x, y), q(x, y)$ を考えて

2-2 同次型方程式

$$y' = \frac{p(x, y)}{q(x, y)} \tag{2.7}$$

を**同次型方程式** (homogeneous equation) とよぶ. ここで, x, y の n 次の同次式とは,

$$a_0 x^n + a_1 x^{n-1} y + a_2 x^{n-2} y^2 + \cdots + a_n y^n$$

の多項式をいう. すなわち, $p(x, y)$ が n 次の同次式であれば,

$$\begin{aligned} p(\lambda x, \lambda y) &= a_0 (\lambda x)^n + a_1 (\lambda x)^{n-1} \lambda y + \cdots + a_n (\lambda y)^n \\ &= \lambda^n (a_0 x^n + a_1 x^{n-1} y + \cdots + a_n y^n) = \lambda^n p(x, y) \end{aligned}$$

となる. ここで $\lambda = 1/x$ とおくと, $p(1, y/x) = (1/x)^n p(x, y)$ となるので,

$$p(x, y) = x^n p\left(1, \frac{y}{x}\right)$$

となる. したがって, (2.7) 式の右辺は,

$$\frac{p(1, y/x)}{q(1, y/x)} = \left(\frac{y}{x} \text{の関数}\right) = f\left(\frac{y}{x}\right)$$

と書くことができて, (2.7) は (2.6) 式に帰着できる.

[例2] $y' = \dfrac{x^2 + y^2}{2xy}$ は同次型方程式である. 書き直すと

$$\text{右辺} = \frac{1 + (y/x)^2}{2y/x}$$

を得るので, (2.6) 式で $f(u) = (1 + u^2)/2u$ としたものに相当する. また, (2.7) 式と比べれば, p, q は $p = x^2 + y^2$, $q = 2xy$ となって, 分母分子はいずれも 2 次の同次式である. ▮

同次型方程式を解くには,

$$y = xu \quad \text{または} \quad \frac{y}{x} = u \tag{2.8}$$

によって未知関数を y から u に変換すればよい. (2.6) 式の左辺は

$$\frac{dy}{dx} = \frac{d}{dx}(xu) = x\frac{du}{dx} + u$$

となるので, u を右辺に移して,

$$\frac{du}{dx} = \frac{1}{x}(f(u) - u) \tag{2.9}$$

を得る．これは変数分離型であるので 2-1 節の手法で解ける．すなわち，$dx/(f(u)-u)$ をかけて積分すると，

$$\int \frac{du}{f(u)-u} = \int \frac{dx}{x} + c$$

右辺の積分を実行して，一般解を与える公式を得る．

$$\int \frac{du}{f(u)-u} = \log |x| + c \qquad (2.10)$$

あるいは，これを書き直して

$$x = Ae^{F(y/x)}, \qquad F(u) = \int \frac{du}{f(u)-u} \qquad (2.10')$$

ここで $A = \pm e^{-c}$ とした．さらに，$f(u_0) - u_0 = 0$ の解が存在すれば，

$$u = u_0 \quad \text{または} \quad y = u_0 x \qquad (2.11)$$

は (2.6) 式の特解を与える．

例題 2.6 $y' = -\dfrac{x}{y}$ を解け．

[解] これは，例 1 のところで述べたように，変数分離型とも見なせるので，

$$\int y dy = -\int x dx + c$$

と積分できる ($c=$ 積分定数)．これから $y^2/2 = -x^2/2 + c$ が得られるので，

$$x^2 + y^2 = 2c = r^2$$

と書きなおせる．これは，原点を中心とする円を表わす方程式で，定数 r は円の半径を与える．r をパラメーターとみなせば，一般解のつくる解曲線群は原点を中心とする同心円族をつくる (図 2-5)．

このように前節のやりかたによって簡単に解を見つけることができたが，同じ微分方程式を同次型の解法を使って解いてみよう．$y/x = u$ とおくと，上の方程式は (2.6) で $f(u) = -1/u$ としたものになるから，(2.10) にしたがって

$$\int \frac{u}{u^2+1} du = -\log |x| + c \qquad (c = \text{積分定数})$$

を得る．左辺で $u^2 = z$ と変数変換すると，$udu = dz/2$ から

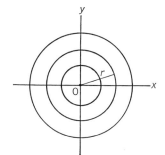

図 2-5 $y'=-x/y$ の解曲線： $x^2+y^2=r^2$ ($r=$ 任意定数)

$$左辺 = \frac{1}{2}\int \frac{dz}{z+1} = \frac{1}{2}\log|z+1| = \frac{1}{2}\log(u^2+1)$$

となる．これを代入して，$\frac{1}{2}\log(u^2+1)+\log|x|=c'$，すなわち

$$x^2(u^2+1) = e^{2c'}$$

となる．$u=y/x$ を考慮して，$e^{c'}=r$ とすると，最終的には上で変数分離法で得たのと同じ結果 $x^2+y^2=r^2$ が得られる．この例では公式 (2.10) を用いる有難味はあまりないが，たとえば例題 2.8 のような場合には有効である．

一般に，与えられた曲線族 $f(x,y;m)=0$ のすべての曲線に直交する曲線族を $f(x,y;m)=0$ の**直交曲線** (orthogonal trajectory) という．2 曲線の直交条件は「接線の勾配の積 $=-1$」であるので，原点を通る直線族 $y=mx$ ($m=$ 勾配) に直交する曲線を $y=y(x)$ とすると，直交条件として $y'm=-1$，すなわち $y'=-1/m=-x/y$ が得られる．したがって，例題 2.6 の方程式 $y'=-x/y$ の解を求める問題は，幾何学的に解釈すれば，原点をとおる放射状の直線に直交する曲線族を求めることと同等である．これが，図 2-5 に示したような，原点を中心とする同心円族になることは直観的にも想像できるであろう．

例題 2.7 同心円族 $x^2+y^2=r^2$ にたいする直交曲線族を求めよ．

[解] 円の方程式 $x^2+y^2=r^2$ を x について微分すると，$2xx'+2yy'=0$ となるので，この接線の勾配は $-x/y$ である (図 2-6 を見よ)．直交曲線族の方程式を $y=y(x)$ とすると，直交条件は $y'\cdot(-x/y)=-1$ となる．これを書き直して，同次型方程式として

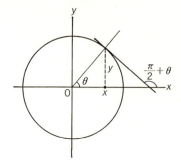

図 2-6 円上の点 (x,y) におけ
る接線の勾配： $\tan\left(\dfrac{\pi}{2}+\theta\right)$
$=-\cot\theta=-\dfrac{x}{y}$

$$y' = \frac{y}{x}$$

を得る．これは(2.6)式で $f(u)=u$ としたものに相当するから，(2.9)は $u'=0$，これを解いて $u=$ 定数 $=m$，すなわち $y=mx$ を得る．すなわち，原点を中心とする同心円族に直交する曲線族は原点を通る直線族になる．これはちょうど例題 2.6 の逆になっている．∎

例題 2.8　$y' = \dfrac{1}{2xy}(x^2+y^2)$ を解け．

[解]　この方程式は，このままの形では変数分離型ではないが，例2で示したように同次型であるので，(2.10)のやりかたにしたがって解く．$u=y/x$ とおいて代入すると，$xu'+u=(1+u^2)/2u$ であるから，これを整理して

$$\int \frac{2u}{1-u^2} du = \int \frac{dx}{x} + c$$

左辺の積分には置換積分法を使う．公式(G)で $u^2-1=z$ とおくと，$2udu=dz$，すなわち，左辺 $=-\int dz/z=-\log|z|$ であるから，

$$-\log|u^2-1| = \log|x| + c$$

これを書き直して，一般解として

$$u^2 = 1 + \frac{2A}{x}, \quad 2A = \pm e^{-c}$$

を得る．この両辺に x^2 をかけて，もとの変数 x,y で書き直すと

$$(x+A)^2 - y^2 = A^2$$

となる．これは頂点を $(0,0)$，$(-2A,0)$ にもつ直角双曲線で，その漸近線は

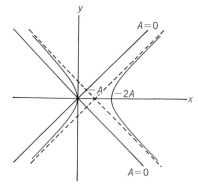

図 2-7 $y'=(x^2+y^2)/2xy$ の解曲線: $(x+A)^2-y^2=A^2$

$y=\pm(x+A)$ になる (図 2-7). $A=0$ の解は 2 直線 $y=\pm x$ になるが, これは $f(u)-u=(1-u^2)/2u=0$ をみたす解 $u=\pm 1$ に対応した特解である.

同次型方程式の解曲線 一般解 (2.10′) の解曲線がつくる族は互いに原点に対して相似な図形からなることを示そう. パラメーター A を固定して, それに対応した解曲線を C とする (図 2-8). 次に, パラメーター A を $\alpha(>0)$ 倍して得られる解に対応する解曲線を C' と表わす. C' 上の点は (2.10′) で A を αA とした方程式

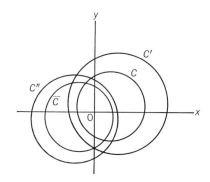

図 2-8 同次型方程式の解曲線の族

図では, $F(u)=\log\left|\dfrac{\sqrt{3}+u}{1+u^2}\right|$ の場合, すなわち, A をパラメーターとして, $\left(x-\dfrac{\sqrt{3}}{2}A\right)^2+\left(y-\dfrac{1}{2}A\right)^2=A^2$ の曲線が示されている.
[$C': \alpha=1.5$, $\overline{C}: \alpha=-1.0$ (原点対称), $C'': \alpha=-1.25$]

$$x = \alpha A e^{F(y/x)} \tag{2.12}$$

をみたす．いま，変数 x, y の長さの尺度をどちらも $1/\alpha$ に縮めて

$$x' = \frac{x}{\alpha}, \quad y' = \frac{y}{\alpha} \tag{2.13}$$

とおいて(2.12)式を書きかえると，x', y' に関する方程式から α を追い出すことができて

$$x' = A e^{F(y'/x')}$$

となる．これは(2.10′)式とまったく同じ方程式になっている．このことは，解曲線 C' は解曲線 C を，原点からの距離が α 倍になるように拡大したものであることを示している．すなわち，C と C' は互いに原点を相似の中心とする相似形になっている．$\alpha < 0$ であれば，(2.13)の変換にたいして x', y' は尺度だけでなくその符号も変えるので，このときの解曲線 C'' は，C の原点に対する対称図形を α 倍した形になっている(図2-8を見よ)．

例題 2.9 $y' = \dfrac{x+y}{x-y}$ が表わす曲線を求めよ．

[解] $u = y/x$ とおくと，$(x+y)/(x-y) = (1+u)/(1-u)$ となるので，$f(u)-u = (1+u^2)/(1-u)$ から，(2.10)として

$$\int \frac{1-u}{1+u^2} du = \int \frac{dx}{x} + c$$

を得る．左辺の積分を2つに分けると

$$\int \frac{du}{1+u^2} - \int \frac{u\,du}{1+u^2} = \int \frac{dx}{x} + c$$

したがって，

$$\arctan(u) - \frac{1}{2}\log(1+u^2) = \log|x| + c$$

となる．これをもとの変数で表わすと，一般解は

$$\arctan\left(\frac{y}{x}\right) - \frac{1}{2}\log\left(1+\frac{y^2}{x^2}\right) = \log|x| + c$$

あるいは，$\log|x|$ を左辺に移して，

$$\arctan\left(\frac{y}{x}\right) - \frac{1}{2}\log(x^2+y^2) = c$$

となる．この表式は直交座標 (x, y) のかわりに極座標 (r, θ) を用いると簡単になる．$x=r\cos\theta$, $y=r\sin\theta$ を代入してやると，$y/x=\tan\theta$, $x^2+y^2=r^2$ から
$$r = Ae^\theta, \quad A = e^{-c}$$
となる．解曲線は，図2-9に示されるように，らせん状になっていて，原点の回りを1回転すると，原点からの距離 r は $e^{2\pi}$ 倍だけ大きくなっている（**ベルヌイらせん** Bernoulli spiral）．

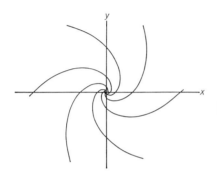

図2-9　$y' = \dfrac{x+y}{x-y}$ の解曲線の族（ベルヌイらせん）

一般に，次のタイプの微分方程式
$$\frac{dy}{dx} = f\left(\frac{ax+by+c}{Ax+By+C}\right) \quad \left(\frac{a}{b} \neq \frac{A}{B}\right)$$
は，この節の方法を適用して解くことができる．そのために，新しい変数 (v, w) を
$$v = x+\alpha, \quad w = y+\beta \quad (\alpha, \beta=\text{定数})$$
で導入すると，
$$\frac{dy}{dx} = \frac{dv}{dx}\frac{dy}{dv} = \frac{d}{dv}(w-\beta) = \frac{dw}{dv}$$
となる．そこで
$$ax+by+c = av+bw-(a\alpha+b\beta-c)$$
$$Ax+By+C = Av+Bw-(A\alpha+B\beta-C)$$
において，各式の定数項が 0 になるように α, β を決める．すなわち，$a\alpha+b\beta=c$, $A\alpha+B\beta=C$ を解くと，$D=aB-bA (\neq 0)$ として

$$\alpha = \frac{1}{D}(cB-bC), \quad \beta = \frac{1}{D}(aC-cA)$$

を得る．この α, β を用いれば，解くべき方程式は

$$\frac{dw}{dv} = f\left(\frac{av+bw}{Av+Bw}\right)$$
$$= f\left(\frac{a+b(w/v)}{A+B(w/v)}\right) = g\left(\frac{w}{v}\right)$$

となって，同次型に帰着できる．

━━━━━━━━━━━━━━ 問 題 2-2 ━━━━━━━━━━━━━━

1. 次の微分方程式を解け．

 (1) $y' = \alpha\dfrac{y}{x}$ (2) $y' = \dfrac{x-y}{x+y}$

 (3) $y' = \dfrac{y^2-x^2}{2xy}$ (4) $y' = \dfrac{2xy}{x^2-y^2}$

2. $y' = f(y/x)$ の解は，極座標 $(r, \theta : x = r\cos\theta, y = r\sin\theta)$ を用いると，次のように表わせることを示せ．

$$r = C\exp\left[\int F(\theta)d\theta\right]$$
$$F(\theta) = \frac{f(\tan\theta)\tan\theta + 1}{f(\tan\theta) - \tan\theta}$$

3. $(x+y+4)y' + (x-y-2) = 0$ を解け．

4. $x^2 + y^2 - 2rx = 0$ は r を正負のパラメーターとすると，どのような曲線族を表わすか．また，これの直交曲線族を求めよ．

5. 例題 2.8 の解曲線群

$$(x+A)^2 - y^2 = A^2 \quad (A: パラメーター)$$

に属する曲線が，原点を中心として互いに相似もしくは対称の関係にあることを調べよ．

ベルヌイ一家

　ベルヌイらせんは，対数らせんまたは等角らせんともよばれる．この曲線は，ベルヌイ (Bernoulli, Jacques : 1654-1705) によってくわしく調べられ，その結果，いろいろな操作を加えてもふたたび対数らせんにもどるという面白い性質が明らかにされている．たとえば，曲線の各点における内接円の中心を結んだものを縮閉線というが，対数らせんの縮閉線もやはり対数らせんになる．この神秘的な性質をもった曲線に対する彼の関心と愛着心は異常に強く，自身の墓石に Eadem mutata resurgo（変れども元の姿に蘇らん）という言葉とともに，この対数らせんを刻むことを言い遺したといわれている．

　このベルヌイ以外にも，多くのベルヌイがニュートンやライプニッツとならんで数学の歴史のなかに顔を出す．微積分法をはじめ級数論や確率論にいたるまで当時の数学のあらゆる分野にベルヌイの名が残されているが，それはすべて同じ家系に属している．そもそもベルヌイ家はその一族に多数の学者や芸術家がいることで知られていて，とくに数学の分野では，対数らせんのジャックとその弟のジャン (Jean : 1667-1748)，ジャンの次男のダニエル (Daniel : 1700-1782) が有名である．このうちで，ジャンは才能もありオイラーを含めて後継者を多数育てているが，性格の激しさと対抗心のすさまじさも抜群で，他人はもとより兄や息子とさえ争っている．流体力学のベルヌイの定理はダニエルの業績であるが，この息子の長年にわたる成果さえジャンは自分の著書の中で横どりしたとされている．ダニエルにとってはこの件は2度目で，そのずっと前にパリ学士院の懸賞論文で受賞したときには「親をさしおいてケシカラン」と家から追い出されるハメにあっている．

2-3 1階線形微分方程式

$$\frac{dy}{dx}+p(x)y+q(x)=0 \tag{2.14}$$

のタイプの1階線形微分方程式(1-4節)を考える．このうちで，$q(x)=0$ の場合，すなわち

$$\frac{dz}{dx}+p(x)z=0 \tag{2.15}$$

を斉次(homogeneous)方程式とよんでいる．それにたいして，(2.14)式は非斉次(non-homogeneous)方程式である．$q(x)$ は非斉次項という．斉次のかわりに同次ということもある．その場合，「同次」という言葉と，前節の同次型方程式とを混同してはいけない．

[例1] $\dfrac{dv}{dt}+\nu v-g=0$ (空気中の落下運動)： $p=\nu,\ q=-g$.

[例2] $L\dfrac{dI}{dt}+RI=E\sin\omega t$ (振動起電力があるときの RL 回路を流れる電流： $p=R/L,\ q=-(E/L)\sin\omega t$.

[例3] $y'-y=x$： $p=-1,\ q=-x$.

(2.14)のタイプの方程式の解法は次のとおりである．

(I) $q(x)=0$ のとき．方程式(2.15)は，そのままで変数分離型であるので dx/z を両辺にかけて

$$\frac{dz}{z}=-p(x)dx \tag{2.16}$$

これを積分して，$\log|z|=-\int p(x)dx+c$ ($c=$ 定数)，すなわち

$$z=A\exp\left(-\int p(x)dx\right) \quad (A=\pm e^c) \tag{2.17}$$

を得る．

(II) $q(x)\neq 0$ のとき．(2.17)式の z で A を x の関数 $a(x)$ でおきかえ，y を

$$y = a(x)z(x) \qquad (2.18)$$
$$z(x) = \exp\left(-\int p(x)dx\right) \qquad (2.19)$$

とおくと，(2.15)式を考慮して
$$y' = az' + a'z = a(-pz) + a'z = -py + a'z$$
となる．ここで，$y' + py = -q$を使うと
$$\frac{da}{dx} = -\frac{q(x)}{z(x)} \qquad (2.20)$$
を得る．したがって，
$$a = -\int \frac{q(x)}{z(x)}dx + c \qquad (c=積分定数) \qquad (2.21)$$
これを(2.18)式に代入すれば，(2.14)の一般解は
$$y = cz(x) - z(x)\int^x \frac{q(x')}{z(x')}dx' \qquad (2.22)$$
となる．

(2.22)式の第1項は，斉次方程式(2.15)の一般解である．そこで，この部分を**斉次解**(homogeneous solution)とよんでいる．あるいは，**余関数**または**補関数**(complementary function)ということもある．第2項は非斉次方程式に固有のもので，**特解**(particular solution)とよばれる．

別解 (2.14)式に$1/z$をかけて，
$$\frac{1}{z}y' + \frac{1}{z}p(x)y + \frac{1}{z}q(x) = 0$$
とする．前の2項だけを考えて
$$\frac{1}{z}(y' + p(x)y) = \left(\frac{y}{z}\right)' - \left(\frac{1}{z}\right)'y + \frac{1}{z}p(x)y$$
$$= \left(\frac{y}{z}\right)' + \frac{z'}{z^2}y + \frac{1}{z}p(x)y$$
後の2項をy/z^2でくくって(2.15)を使う．すなわち，
$$= \left(\frac{y}{z}\right)' + \frac{1}{z^2}(z' + p(x)z)y = \left(\frac{y}{z}\right)'$$

となるので,上式は

$$\left(\frac{y}{z}\right)' + \frac{1}{z}q(x) = 0$$

と書き直される.これを積分して

$$\frac{y}{z} = -\int \frac{q(x)}{z(x)}dx + c \quad (c=積分定数)$$

を得るので,z をかけて,ただちに(2.22)式を得る. ∎

　(2.18)式のように,解を(斉次解×未知関数)とおいて解く方法を**定数変化法**(variation of parameters)とよんでいる.これは,1階の微分方程式にかぎらず,高階の非斉次微分方程式を扱うときにも役に立つ方法である.

　例題 2.10 $y' - y = x$ の一般解を求めよ.

　[解] 斉次解は $z = e^x$ になるので,(2.18)〜(2.21)の方法により,

$$a(x) = \int xe^{-x}dx + c$$
$$= -(1+x)e^{-x} + c$$

となる.そこで,一般解として

$$y = ce^x - (1+x)$$

が求まる.ここで,第1項は斉次解であり,$(1+x)$ は特解である. ∎

　例題 2.11 空気中の物体の落下速度を求めよ.初速度=0 とせよ.

　[解] 方程式は本節の例1で与えられていて,

$$\frac{dv}{dt} + \nu v = g$$

と書ける.したがって,(2.18)〜(2.21)の方法において

$$z(t) = e^{-\nu t}$$
$$a(t) = \int ge^{\nu t}dt + c = \frac{g}{\nu}e^{\nu t} + c$$

したがって,一般解として

$$v(t) = ce^{-\nu t} + \frac{g}{\nu}$$

を得る.これに初期条件 $v(0)=0$ を入れると,$c = -g/\nu$ となるので,初期値解

は

$$v = \frac{g}{\nu}(1-e^{-\nu t})$$

となる.

ここで,指数関数の級数展開公式

$$e^x = 1+x+\frac{1}{2}x^2+\cdots+\frac{1}{n!}x^n+\cdots$$

を用いると,$t \fallingdotseq 0$ では $v \fallingdotseq (g/\nu)[1-(1-\nu t)]=gt$ となって,重力だけの影響で加速されていることがわかる.しかし,t が大きくなると空気抵抗が効いてきて,$t\to\infty$ では $e^{-\nu t}\to 0$,すなわち $v\to g/\nu$ となって,物体の速度は一定値に近づく.これを**終速度**(terminal velocity)という.この終速度は非斉次方程式の特解になっている.図2-10を見よ.

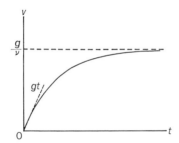

図2-10 空気中の落下運動と終速度

例題 2.12 図2-11のようなパルス型起電力 $E(t)$ を RL 回路に加えたときに流れる電流を求めよ.ただし,$t=0$ では電流は0とする.

[解] コイル(インダクタンス$=L$)と抵抗(R)からなる回路に,起電力 $E(t)$ をつないだとき,内部を流れる電流 $I(t)$ の方程式は

$$L\frac{d}{dt}I(t)+RI(t) = E(t)$$

となる(回路方程式).起電力 $E(t)$ は,図2-11からわかるように,t が $t\leqq T$ の範囲で一定値 V をとり,$t>T$ のところで0になる.まず,$0\leqq t\leqq T$ の範囲で解を求めよう.このとき,方程式の右辺は定数 V であるので,一般解は(2.18)～(2.21)の議論から

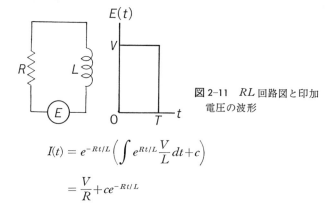

図 2-11　RL 回路図と印加電圧の波形

$$I(t) = e^{-Rt/L}\left(\int e^{Rt/L}\frac{V}{L}dt + c\right)$$
$$= \frac{V}{R} + ce^{-Rt/L}$$

となる．初期条件 $I(0)=0$ を考慮すると，$c=-V/R$ であるから

$$I(t) = \frac{V}{R}(1-e^{-Rt/L}) \qquad (0 \leq t \leq T)$$

を得る．次に，t が $t>T$ の範囲にあるときの一般解は，この領域で $E(t)=0$ であることを考慮すると，

$$I(t) = c'e^{-Rt/L} \qquad (c' = 積分定数)$$

となる．c' はこの表式で $I(T)=(V/R)(1-e^{-RT/L})$ とおいて決める．

$$c' = \frac{V}{R}(1-e^{-RT/L})e^{RT/L} = \frac{V}{R}(e^{RT/L}-1)$$

よって $t>T$ では，

$$I(t) = \frac{V}{R}(e^{RT/L}-1)e^{-Rt/L} \qquad (t>T)$$

となる．図 2-12 には，起電力の波形と電流波形が示してある．電流波形もパルス的になるが，その波形は起電力にくらべて崩れた形をしている．L/R が小さければ，短い時間で電流値が飽和値 V/R に近づく．この時間スケール L/R を RL 回路の**時定数**という．時定数（$=L/R$）は起電力に電流が応答する時間の目安を与えている．図が示すように，時定数の大きな回路では，電流はゆっくりと増加して飽和値に達することなく減衰している．これはインダクタンスの作用が大きいことを表わす．∎

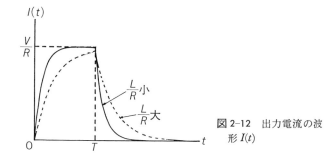

図 2-12 出力電流の波形 $I(t)$

ベルヌイ方程式 次の方程式を考えよう．

$$\frac{dy}{dx}+p(x)y+q(x)y^k = 0 \tag{2.23}$$

これは $k=0, 1$ のときは線形方程式であるが，$k \neq 0, 1$ では非線形となって，ベルヌイ(Bernoulli)**の方程式**とよばれている．これは次のようにして線形方程式に帰着される．全体を y^k でわると，

$$y^{-k}y'+p(x)y^{1-k}+q(x) = 0$$

となる．ここで，$\dfrac{d}{dx}y^{1-k}=(1-k)y^{-k}y'$ を使えば，

$$\frac{d}{dx}y^{1-k}+(1-k)(p(x)y^{1-k}+q(x)) = 0$$

である($k \neq 1$ に注意せよ)．$y^{1-k}=z$ とおくと，

$$z'+(1-k)p(x)z+(1-k)q(x) = 0 \tag{2.24}$$

という線形方程式が得られる．ここまでくれば，(2.18)〜(2.22)式のように解を求めることができる．このように，非線形方程式を線形方程式に書きかえる手続きを**線形化**(linearization)という．

例題 2.13 $y'-3y^2-\dfrac{y}{x}+12x^2=0$ の 1 つの解が $2x$ であることを確かめて，一般解を求めよ．

[解] $y=2x$ が解であることは代入すると，

$$(2x)'-3(2x)^2-\frac{2x}{x}+12x^2 = 2-12x^2-2+12x^2 = 0$$

となることからわかる．一般解を求めるには，$y=2x+Y$ とおいて Y の方程式をつくってみる．

$$\frac{dY}{dx} - \left(12x + \frac{1}{x}\right)Y - 3Y^2 = 0$$

となって，ベルヌイ方程式に帰着できる．この式を，上の手続きにしたがって解けばよい．$k=2$ であるから，$z=Y^{1-2}=1/Y$ とすれば

$$\frac{dz}{dx} + \left(12x + \frac{1}{x}\right)z = -3$$

と線形化できる．これを (2.18)～(2.22) の方法で積分すればよい．この方程式の斉次解 $h(x)$ は

$$h(x) = \exp\left(-\int \left(12x + \frac{1}{x}\right)dx\right) = \frac{1}{x}e^{-6x^2}$$

となるので，

$$z = \left(-3\int \frac{dx}{h(x)} + C\right)h(x)$$
$$= \left(-\frac{1}{4}e^{6x^2} + C\right)\frac{1}{x}e^{-6x^2}$$

となる．もとの変数で書いて，

$$y = 2x - \frac{4x}{1 - 4Ce^{-6x^2}}$$

が一般解である．▮

リッカチ方程式 次の1階1次の非線形方程式は，とくにリッカチ方程式 (Riccati equation) と名づけられている．

$$\frac{dy}{dx} + p(x)y^2 + q(x)y + r(x) = 0 \qquad (2.25)$$

このリッカチ方程式は一般に初等解法で解けないが，もしこの特解の1つを知っていれば，例題 2.13 の方法にならってその一般解を知ることができる．上の例では，$y = 2x + Y$ とおいて，もとの方程式をベルヌイ方程式に書きかえている．その際，$y = 2x$ はもとの方程式の特解（$C = \infty$ に相当する）であることに注意すると，このやりかたは，<u>一般解＝特解＋未知関数</u> の形を仮定して式の変形を行なっていることに気づくであろう．そこで，(2.25) 式の特解を $u(x)$ として，$y = u(x) + z$ とおく．これにより (2.25) 式は

$$z' + p(x)[z^2 + 2u(x)z] + q(x)z$$
$$+ u' + p(x)u^2 + q(x)u + r(x) = 0$$

となる．ここで u は (2.25) 式を満たしているので，この第 2 行は 0 である．したがって，

$$z' + (2up+q)z + pz^2 = 0$$

を得る．これは $k=2$ のベルヌイ方程式である．じつは，第 4 章に述べるように，リッカチ方程式は 2 階の線形方程式に帰着できる (117 ページ)．

──────────────────── 問 題 2-3 ────────────────────

1. 次の微分方程式を解け．
  (1) $y' - \lambda y = ae^{\mu x}$ (2) $y' + xy = ax^3$
  (3) $(1+x^2)y' + xy\sqrt{1+x^2} = 0$ (4) $y' + (\cos x)y = \sin 2x$
  (5) $x^3 y' - y^2 - x^2 y = 0$ (6) $4xy' + 2y = xy^{-5}$

2. 次の方程式の一般解を求めよ．カッコ内は特解．
  (1) $y' + x^2 y^2 - (1+2x^3)y + x^4 + x - 1 = 0$ ($y=x$)
  (2) $y' - xy^2 + (1+2x^3)y - (x^5 + x^2 + 2x) = 0$ ($y=x^2$)

3. RL 回路において，正弦型の起電力 $E(t) = V \sin \omega t$ があるときの電流波形を求めよ．また，$t \geqq 0$ で一定起電力 $E(t) = V$ がはたらくときの電流波形はどうか．いずれも $I(0) = 0$ の初期条件の下で解を求めよ．

──

2-4 完全微分型方程式

$$Q(x,y)\frac{dy}{dx} + P(x,y) = 0 \tag{2.26}$$

の形の微分方程式を考える．この形式では，x は独立変数，y は従属変数として扱われている．しかし，これに dx をかけて

$$Q(x,y)dy + P(x,y)dx = 0 \tag{2.27}$$

の形式で表わすと，同じ微分方程式でありながら，変数(x,y)はどちらも独立変数として対称的に扱われることになる．ここでは，この形式が主として用いられる．

全微分と偏微分 2変数x,yの関数$\Phi(x,y)$を考える．たとえば，天気図の等圧線のようなものを想像すればよい．xとyは各地の経度と緯度に相当し，Φはそれぞれの地点の気圧を表わす．隣り合う地点の気圧の差に着目してみる．気圧差を$d\Phi$と書くと，これは

$$d\Phi = \Phi(x+dx, y+dy) - \Phi(x,y)$$

のように2点のΦの差で表わせる．この第1項を，2変数関数のテイラー展開を使って書き直すと，十分小さなdx, dyに対して

$$\Phi(x+dx, y+dy) = \Phi(x,y) + \frac{\partial \Phi}{\partial x}dx + \frac{\partial \Phi}{\partial y}dy$$

となる．ここで，$\partial\Phi/\partial x, \partial\Phi/\partial y$は**偏微分**(partial differential)とよばれ，2変数の一方を固定して指定された変数で微分することを意味していて（本コース第1巻『微分積分』を参照せよ），

$$\frac{\partial \Phi}{\partial x} = \lim_{\Delta x \to 0} \frac{1}{\Delta x}[\Phi(x+\Delta x, y) - \Phi(x,y)]$$

$$\frac{\partial \Phi}{\partial y} = \lim_{\Delta y \to 0} \frac{1}{\Delta y}[\Phi(x, y+\Delta y) - \Phi(x,y)]$$

と定義される．この偏微分を使えば，$d\Phi$は

$$d\Phi = \frac{\partial \Phi}{\partial x}dx + \frac{\partial \Phi}{\partial y}dy$$

と書くことができる．この$d\Phi$を$\Phi=\Phi(x,y)$の**全微分**(total differential)という．また，x成分とy成分がそれぞれ$\dfrac{\partial \Phi}{\partial x}$と$\dfrac{\partial \Phi}{\partial y}$であるベクトルを考えて，**勾配**(gradient)と名づける．勾配が大きければ，(x,y)を変えたときのΦの変動は激しい．

いま，(2.27)式においてP, Qが

$$P(x,y) = \frac{\partial \Phi}{\partial x}, \quad Q(x,y) = \frac{\partial \Phi}{\partial y} \tag{2.28}$$

のように，関数 $\Phi(x, y)$ の x 微分，y 微分で与えられるものとする．このとき，(2.27)式の左辺は

$$Pdx+Qdy = \frac{\partial \Phi}{\partial x}dx + \frac{\partial \Phi}{\partial y}dy = d\Phi$$

のように，Φ の全微分で書くことができるので，微分方程式(2.27)を**完全微分型**(exact differential)であるといっている．完全微分型方程式の解は，$d\Phi = 0$ を積分して

$$\Phi(x, y) = c \quad (c=積分定数) \tag{2.29}$$

あるいは，これを y について解いて，

$$y = y(x, c) \tag{2.30}$$

で与えられる．

[例1] $ydx+xdy=0$: $P=y$, $Q=x$; $\Phi(x,y)=xy$

[例2] $(y+\cos x)dx+xdy=0$: $P=y+\cos x$, $Q=x$; $\Phi = xy+\sin x$

次の定理は重要である．方程式(2.27)が完全微分型であるための必要十分条件は

$$\frac{\partial P}{\partial y} = \frac{\partial Q}{\partial x} \tag{2.31}$$

である．

[証明] 必要条件の証明はやさしい．完全微分型であれば，関数 P, Q は(2.28)をみたしているので，(2.28)の第1式を y で微分して，

$$\frac{\partial P}{\partial y} = \frac{\partial}{\partial y}\frac{\partial \Phi}{\partial x} = \frac{\partial^2 \Phi}{\partial y \partial x}$$

ここで x と y の微分を入れ替えると，

$$= \frac{\partial^2 \Phi}{\partial x \partial y} = \frac{\partial}{\partial x}\frac{\partial \Phi}{\partial y} = \frac{\partial Q}{\partial x}$$

となって，(2.31)式を得る．

十分条件を示すには，(2.31)式から(2.28)を満たす Φ の表現が具体的に求められることを示せばよい．それには，まず，(2.28)の第1式を変数 x について

積分して，
$$\Phi(x,y) = \int_a^x P(s,y)ds + Y(y) \quad (a=任意定数) \quad (2.32)$$
とおこう．次に，この右辺の未知関数 $Y(y)$ を (2.31) を使って求めるのである．(2.32) の両辺を y で微分して，
$$\frac{\partial \Phi}{\partial y} = \int_a^x \frac{\partial P(s,y)}{\partial y}ds + \frac{dY}{dy}$$
ここで (2.31) を使うと，
$$右辺 = \int_a^x \frac{\partial Q(s,y)}{\partial s}ds + \frac{dY}{dy} = Q(x,y) - Q(a,y) + \frac{dY}{dy}$$
である．したがって，
$$\frac{\partial \Phi}{\partial y} = Q(x,y) - Q(a,y) + \frac{dY}{dy}$$
これと (2.28) の第2式を比べると，
$$\frac{dY}{dy} = Q(a,y)$$
が満たされなければならないことが分かる．これを y で積分したもの
$$Y(y) = \int_b^y Q(a,t)dt + \Phi_0 \quad (b, \Phi_0 = 任意定数)$$
を (2.32) に入れて
$$\Phi(x,y) = \int_a^x P(s,y)ds + \int_b^y Q(a,t)dt + \Phi_0 \quad (2.33)$$
が得られる．ここで，$x=a, y=b$ とおくと $\Phi_0 = \Phi(a,b)$ が得られる．このよう

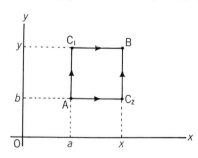

図 2-13　(2.33) 式における積分経路

にして，(2.31)を満足する P, Q から (2.28) の Φ を導くことができた．

(2.33)式では，Φ は図2-13のような積分経路で表わされる．まず，起点 A (a, b) から $C_1(a, y)$ まで Q を積分して，それに C_1 から終点 B (x, y) までの P の積分を加えている．じつは，積分経路を変えて，A から $C_2(x, b)$ まで P を積分したものに C_2 から B までの Q の積分を加えても，同じ答えが得られる．すなわち，

$$\Phi(x, y) = \int_a^x P(s, b)ds + \int_b^y Q(x, t)dt + \Phi(a, b) \qquad (2.34)$$

も (2.33) に等価である．この表式は，$\partial \Phi/\partial y = Q(x, y)$ を $C_2 \to B$ に沿って積分したもの，

$$\Phi(x, y) = \int_b^y Q(x, t)dt + X(x) \qquad (2.32')$$

を考えて，この Φ を x で微分したものが $\partial \Phi/\partial x = P$ を満足するように $X(x)$ を決めることにより導くことができる．

例題 2.14 $(Ax + By)dx + (Bx + Cy)dy = 0$ の一般解を求めよ．

[解] これは，$P(x, y) = Ax + By$，$Q(x, y) = Bx + Cy$ であるから，$\partial P/\partial y = B = \partial Q/\partial x$ となって，(2.31)式を満たしている．すなわち，完全微分型方程式である．(2.33)式を使って，

$$\Phi = \int_a^x (As + By)ds + \int_b^y (Ba + Ct)dt + \phi \qquad (\phi = \text{定数})$$

$$= \frac{A}{2}(x^2 - a^2) + B(x - a)y + Ba(y - b) + \frac{C}{2}(y^2 - b^2) + \phi$$

$$= \frac{1}{2}(Ax^2 + 2Bxy + Cy^2) + D$$

ここで定数項はまとめて D と書いた．解は $\Phi(x, y) = $ 一定 から，$Ax^2 + 2Bxy + Cy^2 = $ 一定 $= c$ となる．

例題 2.15 $(y + \cos x)dx + xdy = 0$．

[解] $P = y + \cos x$，$Q = x$，$\partial P/\partial y = 1 = \partial Q/\partial x$ となって，完全微分型である．

$$\Phi = \int_a^x (y + \cos s)ds + \int_b^y adt + \phi \qquad (\phi = \text{定数})$$

$$= xy - ay + \sin x - \sin a + ay - ab + \phi = xy + \sin x + c$$

ただし，$c = \phi - \sin a - ab$.∎

簡単な方程式であれば，いちいち(2.33)式に頼らなくともよい．たとえば，例題 2.14 であれば，与式を変形するだけで，

$$(Ax + By)dx + (Bx + Cy)dy = Axdx + B(ydx + xdy) + Cydy$$
$$= Ad\left(\frac{x^2}{2}\right) + Bd(xy) + Cd\left(\frac{y^2}{2}\right)$$

から $d(Ax^2/2 + Bxy + Cy^2/2) = 0$ を得る．これを積分して

$$\frac{1}{2}Ax^2 + Bxy + \frac{1}{2}Cy^2 = \text{一定} \ (= c)$$

が得られる．このようなやりかたにも慣れておくほうがよい．

次の例題はそのままでは完全微分型でない例を示す．

例題 2.16 $-ydx + xdy = 0$.

[解] $P = -y$, $Q = x$ であるので，$\partial P/\partial y \neq \partial Q/\partial x$ となって完全微分型ではない．しかし，全体に $-1/y^2$ をかけたもの

$$\frac{1}{y}dx - \frac{x}{y^2}dy = 0$$

は $P' = 1/y$, $Q' = -x/y^2$ となるので，$\partial P'/\partial y = \partial Q'/\partial x$ を満たす．すなわち，完全微分型である．これを変形すると

$$\text{左辺} = \frac{dx}{y} + x\left(-\frac{dy}{y^2}\right) = dx\frac{1}{y} + xd\left(\frac{1}{y}\right) = d\left(\frac{x}{y}\right)$$

となるので，$d(x/y) = 0$, 解 $x/y = \text{一定} = c$ を得る．∎

上の例題で，方程式を完全微分型に変形するために，与式に $-1/y^2$ をかけたが，$1/xy$ をかけてもよい．その場合，方程式は

$$\frac{1}{xy}(-ydx + xdy) = -\frac{dx}{x} + \frac{dy}{y} = 0$$

となって，$P'' = -1/x$, $Q'' = 1/y$, すなわち $\partial P''/\partial y = \partial Q''/\partial x = 0$ を満足している．導かれる完全微分型方程式は異なっているが，得られる解は同じである（各自試みてみよ）．

2-4 完全微分型方程式

積分因子 例題2.16で示したように，与えられた微分方程式
$$P(x,y)dx + Q(x,y)dy = 0$$
が完全微分型でなくても，それに適当な関数 $\mu(x,y)$ をかけて
$$\mu(x,y)P(x,y)dx + \mu(x,y)Q(x,y)dy = 0 \tag{2.35}$$
としたものが完全微分型になる場合がある．このとき関数 $\mu(x,y)$ を **積分因子** (integrating factor)という．μ が積分因子であるための必要十分条件は(2.31)式の P, Q のかわりに $\mu P, \mu Q$ を入れて，

$$\frac{\partial}{\partial y}(\mu P) = \frac{\partial}{\partial x}(\mu Q) \tag{2.36}$$

と与えられる．

この方程式から μ を求める一般的な手法はないので，以下のように，いろいろな可能性を探りながら求めることが必要になる．

（I） μ が x だけに依存するとき，$\mu = \mu(x)$. このとき(2.36)式は

$$\mu\left(\frac{\partial P}{\partial y} - \frac{\partial Q}{\partial x}\right) = \frac{d\mu}{dx}Q$$

となるので，これを書きかえて，

$$\frac{1}{Q}\left(\frac{\partial P}{\partial y} - \frac{\partial Q}{\partial x}\right) = \frac{1}{\mu}\frac{d\mu}{dx} = (x\text{の関数}) \tag{2.37}$$

を得る．すなわち，(2.37)式の左辺が x だけの関数になっているときには，μ を求めることができる．(2.37)式を積分して

$$\mu(x) = M\exp\left[\int \frac{1}{Q}\left(\frac{\partial P}{\partial y} - \frac{\partial Q}{\partial x}\right)dx\right] \tag{2.38}$$

になる．積分因子の役割から考えれば，定数倍だけの任意性があるので，定数 M は $M=1$ としておいてよい．

例題 2.17 $(x^2 - 2xy^3)dx + 3x^2y^2 dy = 0$ の積分因子を求めよ．

［解］ $(1/Q)(\partial P/\partial y - \partial Q/\partial x) = (-6xy^2 - 6xy^2)/3x^2y^2 = -4/x$ となるので，μ は x だけの関数になる．そこで，(2.38)式により

$$\mu(x) = \exp\left(-4\int \frac{dx}{x}\right) = \exp(-4\log|x|) = \frac{1}{x^4}$$

を得る．この μ をかけると，方程式は

$$\frac{1}{x^2}dx+\left(-\frac{2}{x^3}dx\right)y^3+\frac{1}{x^2}3y^2dy$$

$$=-d\left(\frac{1}{x}\right)+d\left(\frac{1}{x^2}\right)y^3+\frac{1}{x^2}d(y^3)$$

$$=-d\left(\frac{1}{x}\right)+d\left(\frac{y^3}{x^2}\right)=d\left(-\frac{1}{x}+\frac{y^3}{x^2}\right)$$

と完全微分型になる．解は $y^3/x^2-1/x=$ 定数 $=c$ ．∎

(II) $\underline{\mu\,が\,y\,だけに依存するとき，\mu=\mu(y)．}$ (I)と同様に，μ が y だけの関数であれば，

$$-\frac{1}{P}\left(\frac{\partial P}{\partial y}-\frac{\partial Q}{\partial x}\right)=\frac{1}{\mu}\frac{d\mu}{dy}=(y\,の関数) \tag{2.39}$$

このとき，

$$\mu(y)=\exp\left[-\int\frac{1}{P}\left(\frac{\partial P}{\partial y}-\frac{\partial Q}{\partial x}\right)dy\right] \tag{2.40}$$

が積分因子である．

例題 2.18 $(x^2y+y^2e^y)dx+(-x^3/3+xy^2e^y)dy=0$ を解け．

[解]
$$-\frac{1}{P}\left(\frac{\partial P}{\partial y}-\frac{\partial Q}{\partial x}\right)=-\frac{2}{y}$$

となるので，積分因子は y だけの関数になる．(2.40)式から，

$$\mu(y)=\exp\left(-2\int\frac{dy}{y}\right)=\exp(-2\log|y|)=\frac{1}{y^2}$$

を得る．この積分因子を用いれば，方程式は完全微分型になって，

$$x^2dx\frac{1}{y}+\frac{x^3}{3}\left(-\frac{dy}{y^2}\right)+dxe^y+xe^ydy$$

$$=d\left(\frac{x^3}{3y}\right)+d(xe^y)=d\left(\frac{x^3}{3y}+xe^y\right)$$

と書くことができる．解は $x^3/3y+xe^y=$ 定数 $=c$ ．∎

(III) $\underline{\mu(x,y)=x^my^n\,の場合．}$ 与えられた P,Q に対して (2.36)式が満足されるように m,n を決める．

例題 2.19 $(y^3+y^2)dx+xydy=0$ の積分因子を求めよ．

[解] $\mu = x^m y^n$ とすると，$\mu P = x^m y^n (y^3 + y^2) = x^m y^{n+3} + x^m y^{n+2}$, $\mu Q = x^m y^n xy = x^{m+1} y^{n+1}$ となるので，

$$\frac{\partial}{\partial y}(\mu P) = (n+3)x^m y^{n+2} + (n+2)x^m y^{n+1}$$

$$\frac{\partial}{\partial x}(\mu Q) = (m+1)x^m y^{n+1}$$

これを条件式(2.36)に入れると，

$$(n+3)x^m y^{n+2} + [(n+2)-(m+1)]x^m y^{n+1} = 0$$

となって，$n+3=0$, $n+2=m+1$, すなわち $n=-3$, $m=-2$ が得られる．したがって，$\mu = 1/x^2 y^3$ である．これから

$$\frac{dx}{x^2} + \frac{dx}{x^2}\frac{1}{y} + \frac{1}{x}\frac{dy}{y^2} = -d\left(\frac{1}{x} + \frac{1}{xy}\right) = 0$$

を得る．解は $(1/x + 1/xy) =$ 定数 $= c$, すなわち $y = 1/(cx-1)$. ∎

積分因子と初等解法 これまでの初等解法の多くは，次のように積分因子の方法に帰着できる．

(1) <u>変数分離型方程式</u>．$y' = X(x)Y(y)$ は微分形 $dy - XYdx = 0$ に直せる．これは $P = -XY$, $Q = 1$ であるので，

$$\frac{1}{P}\left(\frac{\partial P}{\partial y} - \frac{\partial Q}{\partial x}\right) = \frac{XY'}{XY} = \frac{Y'}{Y} = (y \text{ の関数})$$

(2.40)式を使って，$\mu = \exp\left[-\int (Y'/Y)dy\right] = 1/Y(y)$ を得る．

(2) <u>線形方程式</u>．$y' + p(x)y + q(x) = 0$ は微分形 $dy + [p(x)y + q(x)]dx = 0$ に直せば，$P = p(x)y + q(x)$, $Q = 1$ となって，

$$\frac{1}{Q}\left(\frac{\partial P}{\partial y} - \frac{\partial Q}{\partial x}\right) = p(x) = (x \text{ の関数})$$

となる．(2.38)式を用いて，$\mu = \exp\left[\int p(x)dx\right]$ が得られる．

熱力学と完全微分量 圧力 P の1モルの理想気体を考える．一原子分子の理想気体では，気体の内部エネルギー U は温度 T だけの関数で，$U = \frac{3}{2}RT$ ($R=$気体定数)と書ける．いま，この気体に外部から微小な熱($= d'Q$)を加える．気体は膨張して外部に仕事($= d'W$)をしたとする．この差は気体の内部

エネルギーの増分 ($=dU$) に等しく,
$$dU = d'Q - d'W \tag{2.41}$$
と表わされる(熱力学の第1法則). ここで, 微小な熱量 $d'Q$ と微小な仕事量 $d'W$ は完全微分ではないので記号 d' を用いた. 仕事は圧力 P の気体の膨張によるのであるから, 気体の体積が V から dV だけ増加したとすると, $d'W=PdV$ が成り立つ. 気体の温度 T に対して, 状態方程式は $PV=RT$ となるので, $d'W=(RT/V)dV$ である. 一方, 内部エネルギーの増加分は $dU=\frac{3}{2}RdT$ である. これらをまとめると, (2.41)は
$$d'Q = dU + d'W = \frac{3R}{2}dT + RT\frac{dV}{V}$$
断熱変化であれば, $d'Q=0$ となるので,
$$\frac{3R}{2}dT + RT\frac{dV}{V} = 0 \tag{2.42}$$
である. これは完全微分型ではないが, 積分因子 $1/T$ をかければ,
$$\frac{3R}{2}\frac{dT}{T} + R\frac{dV}{V} = Rd\left(\frac{3}{2}\log T + \log V\right) = 0$$
となって, 完全微分型に帰着できる. したがって, 断熱変化では気体の体積と温度の間には,
$$VT^{3/2} = 一定 \tag{2.43}$$
の関係が成立する. すなわち, 気体の温度は, 気体が断熱的に膨張するときには下がり, 圧縮するときには上昇する.

(2.42)を T でわったものが完全微分型になったから,
$$dS = \frac{3R}{2}\frac{dT}{T} + R\frac{dV}{V} = \frac{1}{T}(dU+d'W) = \frac{d'Q}{T} \tag{2.44}$$
で新しい熱力学量 S を定義すると, dS は完全微分になる. それゆえ, 状態 A から B への変化において, S の変化分 ΔS は変化の過程によらず, 始めと終りの状態だけで決まって,
$$\Delta S = S(A) - S(B)$$
となる. 熱力学ではこの S をエントロピー(entropy)とよんでいる.

━━━━━━━━━━━━━━━━━━━━━━ 問　題 2-4 ━━━━━━━━━━━━━━━━━━━━━━

1. 次の微分方程式を解け．
   (1) $(x+4y)dx+(4x+3y)dy=0$
   (2) $y\sin x dx - \cos x dy = 0$
   (3) $(2xe^y+1)dx+(x^2e^y+2y)dy=0$
   (4) $(4x^3+3x^2y-3y^3)dx+(x^3-9xy^2-4y^3)dy=0$
   (5) $e^{x/y}dx+\left(1-\dfrac{x}{y}\right)e^{x/y}dy=0$
   (6) $(x^3+4x^3y^3)dx+(y^2+3x^4y^2)dy=0$

2. 積分因子を求めて，微分方程式を解け．
   (1) $\cos y dx - \sin y dy = 0$
   (2) $\left(2\dfrac{y}{x}+1\right)dx+dy=0$
   (3) $(y^2-2xy)dx+(4y^2+3xy-2x^2)dy=0$
   (4) $(xy^2+y^3)dx+(x^3+3x^2y+xy^2)dy=0$

2-5　非正規型方程式

y' について解けていない1階の微分方程式を非正規型という．例として次の方程式を用いて，その特徴をつかむことにしよう．

$$y=\left(\dfrac{dy}{dx}\right)^2 \tag{2.45}$$

dy/dx について解くと，

$$\dfrac{dy}{dx}=\pm\sqrt{y} \quad (y\geqq 0) \tag{2.46}$$

両辺に $dx/\sqrt{y}$ をかけて変数分離すると，$dy/\sqrt{y}=\pm dx$．これを積分する．$\int dy/\sqrt{y}=2\sqrt{y}$ に注意すると

$$\sqrt{y}=\pm\dfrac{1}{2}(x-a) \quad (a=\text{積分定数})$$

を得る.これを2乗して,一般解として

$$y = \frac{1}{4}(x-a)^2 \tag{2.47}$$

が得られる.

(2.45)式は $y=0$ という特解をもつ.しかし,これは(2.47)の解のなかには含まれていない.すなわち,(2.47)の積分定数 a をどのように選んでみても,$y=0$ という特解は得られない.このように,一般解に含まれていない特解を**特異解**とよぶ.この特異解は一般解の接線であって,接点は $x=a$, $y=0$(放物線の頂点)である(図2-14).

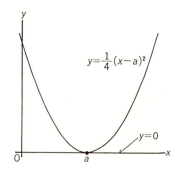

図2-14 $y'^2=y$ の一般解と特異解

また,$x=a$ で特異解と一般解をつないだもの,

$$y = 0 \quad (x<a), \quad y = \frac{1}{4}(x-a)^2 \quad (x \geqq a) \tag{2.48}$$

あるいは,これを左右反転したもの,

$$y = \frac{1}{4}(x-a)^2 \quad (x<a), \quad y = 0 \quad (x \geqq a) \tag{2.48'}$$

もやはり解である(図2-15).

つぎに,初期条件 $x=A$, $y=B^2/4$ ($B \neq 0$) のもとで,初期値解を求めてみよう.(2.47)に初期条件を入れると $B^2=(A-a)^2$,すなわち $a=A\pm B$ が求まるので,初期値解として

$$y = \frac{1}{4}(x-A\pm B)^2 \quad (B>0) \tag{2.49}$$

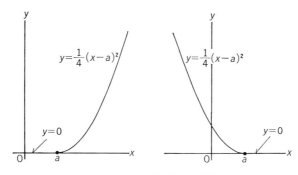

図 2-15 $y'^2=y$ の解: 一般解と特異解をつないだもの

が得られる．図 2-16 に示すように，初期値解は B の前の複号に対応して 2 つありうる．これは，もとの方程式が dy/dx に対して 2 次式であるために，解曲線の勾配が 2 通りに決まることに関係している．つまり，この場合，初期値解は一意ではない．

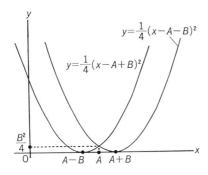

図 2-16 $y'^2=y$ の初期値解: 非正規型の方程式では必ずしも初期値解は一意に決まらない．

じつは，この他にも初期値解は無数にありうる．放物線 (2.49) と特異解とをつないだもの，

$$y=0 \quad (x<A-B), \qquad y=\frac{1}{4}(x-A+B)^2 \quad (x\geqq A-B) \qquad (2.50)$$

あるいは，この $x<A-B$ の特異解を (2.48′) で置きかえたもの，すなわち任意の $C<A-B$ に対して，

$$y = \begin{cases} \dfrac{1}{4}(x-C)^2 & (x<C) \\ 0 & (C \leqq x < A-B) \\ \dfrac{1}{4}(x-A+B)^2 & (A-B \leqq x) \end{cases} \quad (2.51)$$

も解である.もちろん,これらの解を $x=A$ で左右反転したものも,同じ初期条件を満たす解である.このように,非正規型方程式では,初期値解は必ずしも1つではなく,無数にきまる場合がある.

一般に,$y'=y^k$ $(0<k<1)$ の初期値解は一意ではない.もっと一般的にいえば,$y'=f(x,y)$ において解の一意性が成立するには,y の関数としての $f(x,y)$ に条件が必要になる.この本ではくわしく述べないが,すくなくとも y のある区間において f が連続で,かつ $\partial f/\partial y$ の大きさが有界であれば(リプシッツ連続),その区間で解の一意性は保証されている.上の例 $y'=y^k$ $(0<k<1)$ では,$\partial f/\partial y = dy^k/dy = k/y^{1-k}$ となり,$y=0$ でリプシッツ連続ではない.

(2.45)式から分かるように,$y<0$ では y' が実数にならないので,$y<0$ の領域には解曲線は存在しえない.この存在域の境界が特異解になっている.いいかえると,一般解(2.47)は頂点が $(a,0)$ であるような放物線族であるが,特異解はこの一般解(=放物線族)の接線になっているので,両者をつないだものも微分方程式の解になりえたのである.

包絡線 曲線 L が c をパラメーターとする曲線族 $\{C; f(x,y;c)=0\}$ に,各点で接しているとき,L を曲線族 $\{C\}$ の **包絡線** という.いま,包絡線 L 上の点 P の座標を (X,Y) とする(図 2-17).点 P は曲線 C 上の点でもあるので,

$$f(X,Y;c) = 0 \quad (2.52)$$

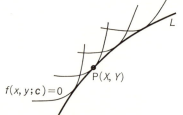

図 2-17　曲線族 $\{C\}$ と包絡線 L

が満たされなければならない．一方，L は点 P において曲線 C に接しているので，接線の勾配 dY/dX は

$$\frac{\partial f}{\partial x} + \frac{\partial f}{\partial y}\frac{dY}{dX} = 0 \quad (x=X,\ y=Y)$$

を満たしている．接点の座標は曲線パラメーター c に依存していて，$X=X(c)$，$Y=Y(c)$ となるので，$dY/dX=(dY/dc)/(dX/dc)$ と書くことができる．これを考慮すれば，

$$\frac{\partial f}{\partial x}\frac{dX}{dc} + \frac{\partial f}{\partial y}\frac{dY}{dc} = 0 \quad (x=X,\ y=Y)$$

が成立する．一方，(2.52)式を c で微分すると

$$\frac{d}{dc}f(X, Y; c) = 0$$

となるが，この左辺の c による微分をあらわに書いたもの

$$\frac{d}{dc}f(X, Y; c) = \frac{\partial f}{\partial x}\frac{dX}{dc} + \frac{\partial f}{\partial y}\frac{dY}{dc} + \frac{\partial f}{\partial c}$$

にすぐ上の関係式を使うと，

$$\frac{\partial}{\partial c}f(X, Y; c) = 0 \tag{2.53}$$

を得る．したがって，(2.52)式と(2.53)式を連立させたもの

$$f(x, y; c) = 0, \quad \frac{\partial}{\partial c}f(x, y; c) = 0 \tag{2.54}$$

が包絡線のパラメーター表示である．

例題 2.20 (2.47)式の包絡線が $y=0$ であることを示せ．

[解] 包絡線の方程式は(2.54)により，

$$y - \frac{1}{4}(x-a)^2 = 0$$

$$\frac{\partial}{\partial a}\left[y - \frac{1}{4}(x-a)^2\right] = \frac{1}{2}(x-a) = 0$$

で与えられる．これから a を消去して，ただちに $y=0$ を得る．∎

例題 2.21 $y'^2 - xy' + y = 0$ を解け．

[解] 左辺を書きかえて, $(y'-x/2)^2+y-x^2/4=0$ となる. 新しい変数 z を次のように導入する.

$$y-\frac{1}{4}x^2 = -z, \quad y'-\frac{1}{2}x = -z'$$

これから，方程式は $z'^2-z=0$ と書ける．これは(2.45)と同形である．そこで，(2.47)から一般解は

$$y = \frac{1}{4}x^2 - \frac{1}{4}(x-a)^2 = \frac{1}{2}ax - \frac{1}{4}a^2 \quad (a=\text{任意定数})$$

である．また，これ以外に $z=0$ に対応して，

$$y = \frac{1}{4}x^2$$

という特異解が存在する．じっさいにこの特異解が一般解の包絡線になっていることは容易に示せる．一般解をパラメーター a で微分して, $x-a=0$. これを用いて一般解から a を消去すると,

$$y = \frac{ax}{2} - \frac{a^2}{4} = \frac{x^2}{2} - \frac{x^2}{4} = \frac{x^2}{4}$$

という特異解を得る．結果は図 2-18 に示されている．$y>x^2/4$ の領域には解曲線が存在していないことに注意しておこう．▮

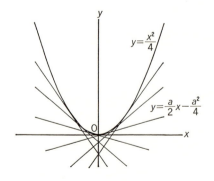

図 2-18 $y'^2-xy'+y=0$ の一般解と特異解. 特異解は一般解(直線)の包絡線になっている.

例題 2.22 $y'^3-5y'^2y+3y'y^2+9y^3=0$ を解け．

[解] 左辺は因数分解できて，

$$(y'-3y)^2(y'+y) = 0$$

となる．これを解いて，2つの方程式 $y'=3y$，または $y'=-y$ を得る．それぞれの解は，2-3節の方法を使って

$$y = Ce^{3x}, \quad y = De^{-x} \quad (C, D=\text{任意定数})$$

と与えられる．各点を通る解曲線は2本存在する(図2-19)．特異解は $y=0$ である．∎

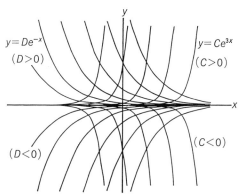

図2-19　$y'^3 - 5y'^2 y + 3y' y^2 + 9y^3 = 0$ の解曲線．
各点を通る解曲線は2本存在する($y=0$ は特異解)．

クレローの方程式

$$y = xp + f(p), \quad p = \frac{dy}{dx} \tag{2.55}$$

のタイプの式をクレロー (Clairaut) 型という．例題2.21は，ちょうどこの式で $f(p) = -p^2$ としたものに相当する．

全体を x で微分して，$dp/dx = p'$ と書くと，

$$p = p + xp' + \frac{df}{dp} p'$$

したがって

$$\left(\frac{df}{dp} + x\right) p' = 0$$

となるので，

$$p' = 0 \quad \text{または} \quad x = -\frac{df}{dp} \tag{2.56}$$

が得られる.

(I) $p'(=dp/dx)=0$ から導かれる解: $p=$定数$=c$ を得る.これをもとの方程式(2.55)に入れると

$$y = cx + f(c) \tag{2.57}$$

という1般解が得られる.(この方法で例題2.21の一般解を求めてみよ.)

(II) $x=-df/dp$ から導かれる解: これと(2.55)とから p を消去すれば解が得られる.すなわち,p をパラメーターと考えて

$$y = f(p) - p\frac{df}{dp}, \quad x = -\frac{df}{dp} \tag{2.58}$$

である.この表現から分かるように,この解は(2.57)式で c をパラメーター的に変化させたときにできる包絡線になっている.したがって,一般解(2.57)式で c をどのように選んでも,この解は導かれない.すなわち特異解である.

なお,次のことを注意しておこう.(2.57)式と(2.58)式をつないだものも解である.すなわち,ある点から片側は(2.57)の直線解になっていて,他の側は包絡線になっているような関数も解である.

(2.57)を導くときに,$p(=dy/dx)=c$ を微分方程式とみなして,$dy/dx=c$ を積分しても同じ結果が得られる.積分により $y=cx+d$ が得られる.一見すると積分定数が c と d の2個あるように見えるが,この解をもとの式(2.55)に代入すると,$cx+d=xy'+f(y')=cx+f(c)$ となる.すなわち,$d=f(c)$ が導かれ,d が任意ではないことがわかる.このように,解が得られたら,一般解に含まれる任意定数の個数が微分方程式の階数と一致しているかどうかを,つねに注意することが必要である.

(2.58)に相当した解も,$f'(p)=-x$ を微分方程式と考えて積分しても得られる.p について解いて,$p=g(x)$ とすれば($g=f'$ の逆関数),これを積分して,

$$y = \int g(x)dx + c$$

となる.定数 c はこの解が(2.55)を満たすように決める.この解が(2.58)と同じであることは,積分を書きかえればわかる:部分積分を行なえば,$\int g(x)dx$

$=xg(x)-\int x \cdot g'(x)dx$ である．この第2項の積分は，$p=g(x)$ から $g'dx=dp$ となること，また $x=-f'$ を考慮して，$-\int x \cdot g'dx = \int f'dp = f(p)$ となる．すなわち，$y=xg(x)+f(p)+c=xp+f(p)+c$ となるので，$c=0$ とおいて (2.58) が出てくる．

ラグランジュの方程式　(2.55)式を一般化して，

$$y = xh(p) + f(p), \qquad p = \frac{dy}{dx} \tag{2.59}$$

としたものを**ラグランジュ(Lagrange)の方程式**，もしくは，**ダランベール (d'Alembert)の方程式**という．$h(p)=p$ の場合は(2.55)式に一致するので，ここでは $h(p) \neq p$ とする．クレロー型と同様に，全体を x で微分して，

$$p = h(p) + \left[x\frac{dh}{dp} + \frac{df}{dp}\right]\frac{dp}{dx}$$

これに dx をかけて微分形式に書くと

$$(p-h(p))dx - [xh'(p)+f'(p)]dp = 0 \tag{2.60}$$

となる（$h'=dh/dp$, $f'=df/dp$）．2.4節の記号を用いると（$x \to x$, $y \to p$ と考えよ），$P=p-h(p)$, $Q=-xh'-f'$ であるから，

$$\frac{1}{P}\left(\frac{\partial P}{\partial p} - \frac{\partial Q}{\partial x}\right) = \frac{1}{p-h(p)}$$

を(2.40)式に入れて，

$$\mu(p) = \exp\left(-\int \frac{dp}{p-h(p)}\right) \tag{2.61}$$

これを(2.60)の両辺にかけて，

$$d[x(p-h(p))\mu(p)] = f'(p)\mu(p)dp$$

と書くことができる．これを積分して，x について解けば，

$$x = \frac{1}{\mu(p)(p-h(p))}\left[\int^p f'(p)\mu(p)dp + C\right] \tag{2.62}$$

となる（C=積分定数）．ここで，$\mu(p)$ は(2.61)で与えられている．これをつかって(2.59)から p を消去すると，定数 C を含んだ一般解が得られる．具体的に p を消去できなくても，(2.62)は p をパラメーターとして解を表現している．

もし $p_0 - h(p_0) = 0$ となる定数 p_0 があれば，この p_0 を (2.59) に代入して得られる

$$y = p_0 x + f(p_0) \tag{2.63}$$

も解である．この解は特異解であって，(2.62) の C をどのように選んでも出てこない．

例題 2.23 $y = xp - e^p$ ($p = y'$) を解け．

[解]　x で微分すれば，方程式は $p'(x - e^p) = 0$ となる．

（Ⅰ）$p' = 0$ の解．$p = $ 定数 $= c$ となって，一般解は $y = cx - e^c$．

（Ⅱ）$x = e^p$ の解．p について解いて $p = \log x$ となる．これをもとの方程式に代入して，特異解 $y = x(\log x - 1)$ を得る ($x > 0$)．この特異解は一般解（直線）の包絡線である（図 2-20）．∎

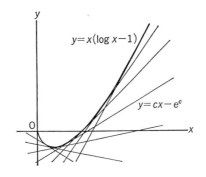

図 2-20　$y = xy' - e^{y'}$ の解曲線．特異解は一般解（直線）の包絡線になっている．

例題 2.24　$y = \dfrac{1}{2}(x+1)p^2$ ($p = y'$) を解け．

[解]　x で微分すると，

$$\left(1 - \frac{p}{2}\right)p = (x+1)pp'$$

dx をかけて微分形式に書くと

$$p[(p-2)dx + 2(x+1)dp] = 0$$

この解は 3 つの場合に分けられる．

（Ⅰ）$p = 0$．これをもとの方程式に入れて $y = 0$ という定数解を得る．

（Ⅱ）$p = 2$．もとの式に代入すれば $y = 2(x+1)$．

(III)　$(p-2)dx+2(x+1)dp=0.$ (2.38)式から積分因子は

$$\mu = \exp\left(\int \frac{dp}{p-2}\right) = p-2$$

となる．これを両辺にかけて，

$$(p-2)^2 dx+(x+1)[2(p-2)dp] = d[(x+1)(p-2)^2] = 0$$

となるので，$(x+1)(p-2)^2=c.$ これから一般解は p をパラメーターとして

$$y = \frac{cp^2}{2(p-2)^2}, \quad x = \frac{c}{(p-2)^2} - 1$$

となる．p を消去すれば，一般解として $y=c(2\sqrt{(x+1)/c}\pm 1)^2/2$ を得る．(II) の解は一般解で $c=0$ としたものである．(I) の解は特異解であって，一般解の包絡線を与える（図 2-21）．■

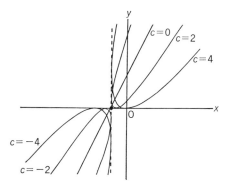

図 2-21　$y=(x+1)y'^2/2$ の解曲線．特異解が一般解の包絡線になっている．

例題 2.24 は，$pp'=(p-p^2/2)/(x+1)$ と書けば，変数分離型であるので，$2dp/(2-p)=dx/(x+1)$ を直接積分してもよい．

―――――――――― 問 題 2-5 ――――――――――

1. 次の微分方程式を解け．ただし $p=y'$ とする．

(1)　$y = xp - p\left(1+\dfrac{p}{4}\right)$　　(2)　$y = xp - \log p$

(3)　$y = xp + \sqrt{1+p^2}$　　(4)　$y = xp + \dfrac{1}{p}$

(5)　$y = xp + x\sqrt{1+p^2}$　　(6)　$y = -xp + x^4 p^2$

(7)　$y = 2px + 2p^2$　　(8)　$y = -xp + p^2$

2. 座標軸ではさまれた接線の長さが $a(=\text{一定})$ になるときの平面曲線のうち，直線でないものを求めよ．

3. $y = x(\log x - 1)$ は，曲線族 $\{C; y = cx - e^c\}$ の包絡線であることを示せ．

第 2 章 演習問題

[1] 次の微分方程式を解け．

(1)　$y' = 4x^3 y$　　(2)　$2x^2 yy' + (x + xy^2) = 0$

(3)　$(x+1)y' = (y^2 - 1)$　　(4)　$(1 - x^2)y' + (1 - x + y - xy) = 0$

(5)　$yy' = xe^{x^2 + y^2}$　　(6)　$x^2 yy' - (1 + x)\operatorname{cosec} y = 0$

[2] 次の微分方程式を解け．

(1)　$y' - \dfrac{y}{x} - \dfrac{y^2}{x^2} = 0$　　(2)　$xy' = y + 2\sqrt{y^2 - 4x^2}$

(3)　$xy' = y + \sqrt{4x^2 - y^2}$　　(4)　$y' = \dfrac{y}{x} + 2\cos^2\left[\dfrac{1}{x}(y - x)\right]$

(5)　$xy' = y + x\tan\left[\dfrac{1}{x}(y - x)\right]$

(6)　$(2x - y - 1)y' - (x - 2y - 1) = 0$

(7)　$(2x + 5y + 3)y' + (2y + 4x - 2) = 0$

[3] 次の微分方程式を解け．

(1)　$y' + 2xy = 4x$　　(2)　$y' = e^{-x^2} - 2xy$

(3)　$y' + y = e^{-x}$　　(4)　$y' - (\sin x)y = \sin(2x)$

(5)　$y' + y = y^2 e^x$　　(6)　$y' - xy = -y^3 e^{-x^2}$

(7)　$y' = a\cos x + b\sin x + ky$　　$(a, b, k = \text{定数} \neq 0)$

[4]　$y' + \tan y = \dfrac{x}{\cos y}$ を解け．

　　ヒント：$z = \sin y$ として，z に対する方程式に直して解け．

[5] 次の微分方程式を解け．

(1) $y^2 dx + 2xy\,dy = 0$

(2) $(4x^3 + 2xy)dx + (x^2 + 3y^2)dy = 0$

(3) $3(e^{3x}y^3 - x^2y)dx + (3e^{3x}y^2 - x^3)dy = 0$

(4) $(y + xy)dx + x\,dy = 0$

(5) $y\,dx - (x + 2y^3)dy = 0$

(6) $(x + 3y^2)dx + 2xy\,dy = 0$

(7) $dx - (x + y)dy = 0$

(8) $y^2(6x^4 + y^2)dx + 4xy(x^4 - y^2)dy = 0$

(9) $y^2(6x^4 + y^2)dx - 3xy(x^4 - y^4)dy = 0$

[6] 次の微分方程式を解け．ただし，$p = dy/dx$.

(1) $y = xp - \dfrac{1}{3}p^3$　　(2) $y = p + \sqrt{1+p^2}$

(3) $y = 2xp + yp^2$　　(4) $y = axp + cp^b$　$(a, b, c = 定数 \neq 0, a \neq 1)$

[7] リッカチの微分方程式の一般解は積分定数に関して1次の有理式，すなわち

$$y = \frac{cf(x) + g(x)}{ch(x) + k(x)} \quad (c = 積分定数)$$

となることを示せ．

Coffee Break

早熟の天才

数学の世界には早熟の人が少なくないが，クレロー(Clairaut, Alexis Claude : 1713-1765)は，神童といえるかもしれない．10歳のときに当時の幾何学や微積分法の代表的な教科書を読みこなし，13歳で論文を科学学士院で発表している．16歳で空間曲線に関する理論「2重曲率曲線の研究」を出版して，18歳で科学学士院の会員に推されている．同時代の人として，ダランベール(d'Alembert, Jean Le Rond : 1717-1783)も早熟の天才として有名であるが，学士院会員に推されたのは24歳のときのことである．クレローの弟も天才少年として有名で，兄のクレローが学士院会員になったとき，15歳の弟は「円と双曲線の求積法」を出版した．ただ，惜しいことにその翌年に伝染病にかかって死んでいる．弟が若死したぶんだけ，兄は長生きをして立派な仕事を残した．

クレローの方程式として知られている微分方程式(61ページ，(2.55)式)で特異解が存在することを最初に示したのは彼であるし，オイラーと独立に積分因子の理論を発表している．さらに，$P(x,y)dx+Q(x,y)dy=0$ が完全微分であるための条件として $\partial P/\partial y=\partial Q/\partial x$ を得ている．それ以外にも，地球の形状や月の運動，ハレーすい星の軌道計算など，天文学や力学上の問題についても重要な業績を残した．彼は物腰が柔らかいうえに人をそらさない性格であったために，社交界の寵児としてもてはやされ，毎晩のように夜会に招待され，そのうえ学問という忙しさのなかで健康を害して52歳で亡くなった．もっとも，社交界で派手な噂をふりまいたぶんだけ晩年の業績は寂しいという人もいるらしい．

3

定数係数の
2階線形微分方程式

理工系の分野で最もしばしば現われるのは2階の微分方程式である．力学の運動方程式も電気の回路方程式もみんなそうなっている．これらは現象としては異なっていても，共通の形式の方程式で記述されることが多い．ここでは，定数の係数をもつ2階線形微分方程式を取り上げて，微分方程式の基本的な性質や，取り扱い方を眺めてみよう．

3-1 斉次方程式と標準形

$r(x)$ を与えられた関数として，

$$\frac{d^2y}{dx^2}+p\frac{dy}{dx}+qy = r(x) \qquad (p, q \text{は定数}) \tag{3.1}$$

を定数係数の2階線形微分方程式とよぶ．ここで $r(x)=0$ としたもの，

$$\frac{d^2y}{dx^2}+p\frac{dy}{dx}+qy = 0 \tag{3.2}$$

は**斉次方程式**とよばれる．これに対して，(3.1)は**非斉次方程式**である．

標準形 斉次方程式(3.2)で $p=0$ としたもの，

$$\frac{d^2y}{dx^2}+qy = 0 \tag{3.3}$$

を**標準形**(canonical form)という．

[例1] 質点のバネ振動．質量 m の質点がバネ定数 k のバネにつながれている．このときの質点の運動は，1-2節(例5)の議論から，

$$\frac{d^2x}{dt^2}+\omega^2 x = 0 \tag{3.4}$$

で記述される($\omega^2 = k/m$)．これは標準形(3.3)式に相当する．速度に比例した減衰(減衰率$=\nu$)がある場合には，(3.2)式が得られて

$$\frac{d^2x}{dt^2}+\nu\frac{dx}{dt}+\omega^2 x = 0 \tag{3.5}$$

となる．これに外力 $F(t)$ を作用させると，基本方程式は

$$\frac{d^2x}{dt^2}+\nu\frac{dx}{dt}+\omega^2 x = \frac{1}{m}F(t) \tag{3.6}$$

である．非斉次方程式(3.1)に相当する．∎

[例2] 回路の電気振動．インダクタンス L，容量 C，抵抗 R と電池からなる電気回路を考える(図3-1)．電池の起電力を $V(t)$ とすると，回路を流れる電流 $I(t)$ とコンデンサーに誘起される電荷 Q は

3-1 斉次方程式と標準形

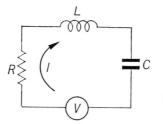

図 3-1 RLC 回路

$$L\frac{dI}{dt}+RI+\frac{Q}{C} = V(t) \tag{3.7a}$$

$$\frac{dQ}{dt} = I \tag{3.7b}$$

にしたがう．(3.7a)をtで微分して(3.7b)を用いれば(3.1)式に相当した方程式が得られる．

$$L\frac{d^2I}{dt^2}+R\frac{dI}{dt}+\frac{1}{C}I = \frac{d}{dt}V(t) \tag{3.8}$$

場合によっては，(3.8)式の型の2階の微分方程式を考えるかわりに，(3.7)式のような2元連立の1階微分方程式の形式で考えるほうが便利である(連立1階方程式(第5章)の項を見よ)．

標準形への変換 方程式(3.2)は，**変数変換**(variables transformation)の操作によって標準形に書き直すことができる．いま，

$$y(x) = f(x)z(x)$$

とおく．積の微分公式(E)を用いれば

$$y' = fz'+f'z, \quad y'' = fz''+2f'z'+f''z$$

であるから，(3.2)式は

$$fz''+(2f'+pf)z'+(qf+f''+pf')z = 0$$

となる．ここで，z'の項が消えるようにfを選ぶ．すなわち，

$$2f'+pf = 0, \quad したがって \quad f = e^{-px/2}$$

とすればよい．これを入れて，$qf+f''+pf' = (q-p^2/4)f$ を用いて，

$$y(x) = e^{-px/2}z(x) \tag{3.9}$$

$$\frac{d^2z}{dx^2}+\left(q-\frac{p^2}{4}\right)z=0 \tag{3.10}$$

を得る.この方程式は1階微分の項をもたないので,標準形である.したがって,標準形の解き方を知っていれば,一般の斉次方程式の解も求めることができる.

(3.3)式の解を求めるには,三角関数や指数関数の微分公式を用いるのが便利である.公式(A)-3, 4, 5を2回使えば,

$$\frac{d^2}{dx^2}\sin\lambda x = -\lambda^2\sin\lambda x \tag{3.11a}$$

$$\frac{d^2}{dx^2}\cos\lambda x = -\lambda^2\cos\lambda x \tag{3.11b}$$

$$\frac{d^2}{dx^2}e^{\pm\lambda x} = \lambda^2 e^{\pm\lambda x} \tag{3.11c}$$

は容易に示せる.これらを(3.3)式と比べる.

(I) $q=\lambda^2>0$ のとき.(3.11a)式で $y=\sin\lambda x$ とすると(または(3.11b)式で $y=\cos\lambda x$ とすると),

$$\frac{d^2y}{dx^2}+\lambda^2 y = 0 \tag{3.12}$$

となって,(3.3)式と同じ型の方程式が得られる.したがって,

$$y = \sin\lambda x, \quad \text{または} \quad y = \cos\lambda x \tag{3.13}$$

は $q=\lambda^2>0$ のときの(3.3)式の解になっている.

(II) $q=-\lambda^2<0$ のとき.(3.11c)式で $y=e^{\pm\lambda x}$ とすれば,

$$\frac{d^2y}{dx^2}-\lambda^2 y = 0 \tag{3.14}$$

となるので,(3.3)式と比べれば,

$$y = e^{\lambda x}, \quad \text{または} \quad y = e^{-\lambda x} \tag{3.15}$$

は $q=-\lambda^2<0$ のときの(3.3)式の解である.

(III) $q=0$ のとき.これは特別な場合で,方程式は

$$\frac{d^2y}{dx^2} = 0 \tag{3.16}$$

となる．この解は，直接積分すれば得られる．$y''=(y')'=0$ であるので，積分をして $y'=$ 定数 $=C$ を得る．もう1回積分をして
$$y = Cx + D \tag{3.17}$$
が得られる（C, D は積分定数）．

複素変数の指数関数を導入すれば，q の正負によらずに解を指数関数で表わすことができる．次節を参照せよ．

標準形方程式の一般解 (3.12)式の一般解を求める．いったい，一般解は(3.13)で与えられた2つの解とどのように関係するのだろうか．(3.13)で示されたように $\cos \lambda x$ は1つの解になっているが，この定数倍もやはり解になっている．このことは，A を定数とすると
$$(A \cos \lambda x)'' = A(\cos \lambda x)'' = -\lambda^2 A \cos \lambda x$$
となることから明らかである．そこで，この定数 A を x の関数と考えて，(3.12)式の一般解を探してみよう（**定数変化法**）．いま，
$$y = A(x) \cos \lambda x \tag{3.18}$$
とおいて，x について微分する．
$$y' = -\lambda A \sin \lambda x + A' \cos \lambda x$$
$$y'' = -\lambda^2 A \cos \lambda x - 2\lambda A' \sin \lambda x + A'' \cos \lambda x$$
これらを(3.12)式に代入すると，
$$A'' \cos \lambda x - 2\lambda A' \sin \lambda x = 0 \tag{3.19}$$
これは A' に関する1階の微分方程式であるから，第2章の手法で解が求まる．上式の全体に $\cos \lambda x$ を乗じると，
$$A'' \cos^2 \lambda x + 2A' \cos \lambda x (-\lambda \sin \lambda x)$$
$$= \frac{d}{dx}[A' \cos^2 \lambda x] = 0$$

と書ける．これを積分すると，
$$A' \cos^2 \lambda x = 定数 = C$$
となる．A' について解いて，積分する．$z = \tan \lambda x$ とおいて，置換積分を行なうと，

$$A = C\int \frac{1}{\cos^2\lambda x}dx + b = \frac{C}{\lambda}\tan\lambda x + b \tag{3.20}$$

となる(b=積分定数)．これを(3.18)式に代入して，一般解

$$y = a\sin\lambda x + b\cos\lambda x \tag{3.21}$$

を得る．ここで $a=C/\lambda$ とおいた．すなわち，一般解は(3.13)で与えた2つの三角関数解 ($\sin\lambda x, \cos\lambda x$) の1次結合として表現できる．

同様にして，(3.14)式の一般解も(3.15)のタイプの2つの指数関数解の1次結合として表わされて

$$y = ae^{\lambda x} + be^{-\lambda x} \tag{3.22}$$

となることが示される(問題3-1の1を見よ)．

例題 3.1 バネによる単振動の方程式(3.4)を解け．

[解] (3.4)は(3.12)で $y\to x,\ x\to t,\ \lambda\to\omega$ としたものであるから，一般解は(3.21)式でこの置きかえを行なって，

$$x = a\sin\omega t + b\cos\omega t$$

となる．次に，$t=0$ でバネを x_0 だけ伸ばして，静かに離したときの運動を考えてみよう．初期条件は $x(0)=x_0$，$[dx/dt]_{t=0}=0$ となるので，これらを一般解に代入して，

$$x_0 = a\sin(\omega\times 0) + b\cos(\omega\times 0) = b,$$
$$0 = a[\omega\cos(\omega\times 0)] + b[-\omega\sin(\omega\times 0)] = \omega a$$

これから，$a=0,\ b=x_0$ となる．すなわち，初期値解は $x=x_0\cos\omega t$ である．結局，変位 x は周期$=2\pi/\omega$ の単振動をしていることがわかる(図3-2)．

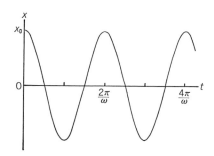

図 3-2　単振動の解(周期 $2\pi/\omega$ の正弦曲線)

例題 3.2 $y''-2y'-3y=0$ を解け．

[解] (3.9)式の操作で標準形に直す．$y=e^x z(x)$ とすると，$z''-4z=0$ となる．これは(3.14)式で $\lambda=\pm 2$ とおいたものになるので，解は $z=ae^{-2x}+be^{2x}$ である．これに e^x を乗じると，一般解として $y=ae^{-x}+be^{3x}$ を得る．∎

──────────────── **問　題 3-1** ────────────────

1. (3.14)式の一般解が(3.22)で与えられることを示せ．（ヒント：$y=e^{\lambda x}z(x)$ とおいて定数変化法を用いよ．）

2. 次の方程式を標準形に直して解け．
  (1) $y''-2y'+5y=0$　　(2) $y''+4y'-5y=0$
  (3) $2y''-2y'+5y=0$　　(4) $y''+3y'-4y=0$
  (5) $2y''+6y'+5y=0$　　(6) $3y''-y'-2y=0$

──

3-2　斉次方程式と指数関数解

複素指数関数解　前節で考えた標準形の例
$$y''+qy=0 \tag{3.23}$$
では，q の符号に応じて解の表現が三角関数になったり，指数関数になったりした．しかし，複素変数の指数関数を用いれば，これらの解を統一して記述できる．よく知られているように，定数 k が実数であれば，関数 $y=e^{kx}$ に対して
$$\frac{dy}{dx}=ke^{kx}$$
が成立する．これを拡張解釈して，k が実数でなくてもこの微分公式は正しいと考える．この公式を 2 回使うと，複素数の k に対して
$$y''=(e^{kx})''=k^2 e^{kx}=k^2 y$$
となるので，(3.23)と比べることにより，(3.23)の解は
$$y=e^{kx},\quad k^2=-q \tag{3.24}$$

で与えられる，といってもよい．この場合，k は必ずしも実数とはかぎらない．q の正負に応じて次の場合に分けられる．

(a) $q=-m^2<0$ のとき．$k=\pm m$(実数)となるので，一般解は実数の指数関数で与えられて

$$y = ae^{mx}+be^{-mx} \tag{3.25}$$

(b) $q=m^2>0$ のとき．k は実数でなくなる．$i=$虚数単位 ($i^2=-1$) とすると，$k=\pm im$ となって，一般解として

$$y = ce^{imx}+de^{-imx} \tag{3.26}$$

を得る．

複素指数関数に関するオイラーの公式

$$e^{imx} = \cos mx + i\sin mx \tag{3.27}$$

を用いると，(3.26)式は三角関数で書くことができる．e^{-imx} は(3.27)式で m を $-m$ でおきかえたものであるので，

$$\cos(-mx) = \cos mx, \quad \sin(-mx) = -\sin mx$$

を用いれば，

$$e^{-imx} = \cos mx - i\sin mx \tag{3.27'}$$

となる．(3.27)と(3.27′)とから，(3.26)は

$$y = (c+d)\cos mx + i(c-d)\sin mx \tag{3.28}$$

ここで，c,d のかわりに

$$a = c+d, \quad b = i(c-d)$$

とすれば，(3.21)に相当した表現

$$y = a\cos mx + b\sin mx \tag{3.29}$$

を得る．(3.26)の係数 c,d を a,b で表わすと，

$$c = \frac{1}{2}(a-ib), \quad d = \frac{1}{2}(a+ib)$$

となる．もし y が実数であれば，a,b は実数でなければならない．このとき，c と d は互いに複素共役の関係にある．

(3.27)と(3.27′)の右辺どうしは互いに複素共役であることに注意すると，

3-2 斉次方程式と指数関数解

$e^{-imx}=(e^{imx})^*$ の関係が導かれる．ただし，ここで＊は複素共役をとることを表わす．

次に，(3.2)の型の一般的な斉次方程式

$$\frac{d^2y}{dx^2}+p\frac{dy}{dx}+qy = 0 \quad (p,q=定数) \tag{3.2}$$

を考えよう．これを解くには，まず $y=e^{-px/2}z$ とおいて，z に関する標準形方程式を導き，そこで $z=e^{kx}$ として k を求めてもよい．しかし，この方法で求められる解は $y=e^{(k-p/2)x}$ のような指数関数（k は一般的に複素数）の形で表わされるので，最初から

$$y = e^{\lambda x} \tag{3.30}$$

とおいて解を探してもよいはずである．これを代入すると，(3.2)式は

$$(\lambda^2+p\lambda+q)e^{\lambda x} = 0$$

となる．$e^{\lambda x} \neq 0$ であるから，

$$\lambda^2+p\lambda+q = 0 \tag{3.31}$$

でなければならない．この代数方程式の2つの解に対応して，2つの解が求められる．

$$y_1 = e^{\lambda_1 x}, \quad y_2 = e^{\lambda_2 x} \tag{3.32}$$

ただし，λ_1, λ_2 は(3.31)の解で

$$\lambda_1 = \frac{1}{2}(-p+\sqrt{p^2-4q}), \quad \lambda_2 = \frac{1}{2}(-p-\sqrt{p^2-4q}) \tag{3.33}$$

である．

次に，任意の解（一般解）を求めるために，

$$y = e^{\lambda_1 x}z(x)$$

とおいて定数変化法を使う．(3.2)式に代入すると，

$$e^{\lambda_1 x}[z''+(2\lambda_1+p)z'+(\lambda_1^2+p\lambda_1+q)z] = 0$$

となる．λ_1 が(3.31)の解であることを使えば，第3項は消えて，

$$z''+(2\lambda_1+p)z' = 0 \tag{3.34}$$

両辺に $\exp[(2\lambda_1+p)x]$ をかけると，

$$\frac{d}{dx}(e^{(2\lambda_1+p)x}z') = 0$$

である.一方,(3.31)の解と係数の関係を用いると,$2\lambda_1+p=\lambda_1-\lambda_2$ となるので,上式は

$$\frac{d}{dx}(e^{(\lambda_1-\lambda_2)x}z') = 0$$

と書ける.これを積分して,$e^{(\lambda_1-\lambda_2)x}z'=$定数$=D$,すなわち

$$z = D\int e^{(\lambda_2-\lambda_1)x}dx + a$$

となる($a=$積分定数).この積分は,$\lambda_1 \neq \lambda_2$ と $\lambda_1=\lambda_2$ の場合にわけて実行する.すなわち,

$$z = \frac{D}{\lambda_2-\lambda_1}e^{(\lambda_2-\lambda_1)x}+a \quad (\lambda_1 \neq \lambda_2)$$

$$z = Dx+a \quad (\lambda_1 = \lambda_2)$$

これに $\exp(\lambda_1 x)$ をかければ y となるので,最終的に一般解として

(Ⅰ) $\lambda_1 \neq \lambda_2$: $\quad y = ae^{\lambda_1 x} + be^{\lambda_2 x}$ (3.35)

(Ⅱ) $\lambda_1 = \lambda_2 = \lambda$: $\quad y = (a+bx)e^{\lambda x}$ (3.36)

が得られる.ここで a,b は任意の定数である.いずれの場合も,(3.2)式の任意の解はこれでつきている.

特性方程式　代数方程式

$$\lambda^2 + p\lambda + q = 0 \quad (3.31)$$

は**特性方程式**(characteristic equation)とよばれ,これを解けば指数関数解の λ を具体的に決めることができる.解の振舞いは方程式の係数 p,q によって次の3つに分類できる.

(Ⅰ) $p^2-4q>0$ のとき.λ_1,λ_2 は異なる実数となる.$\gamma=\sqrt{p^2/4-q}$ とすれば,

$$\lambda_1 = -\frac{p}{2}+\gamma, \quad \lambda_2 = -\frac{p}{2}-\gamma \quad (3.37)$$

(Ⅱ) $p^2-4q=0$ のとき.特性方程式は2重解をもつ.

$$\lambda_1 = \lambda_2 = -\frac{p}{2} \tag{3.38}$$

(III) $p^2-4q<0$ のとき. λ_1, λ_2 は互いに共役な複素解になる. いま, $\Omega = \sqrt{q-p^2/4}$ とすると,

$$\lambda_1 = -\frac{p}{2}+i\Omega, \quad \lambda_2 = -\frac{p}{2}-i\Omega \tag{3.39}$$

例題 3.3 $y''-2y'-3y=0$ の一般解を求めよ.

[解] y を(3.30)の形におくと, λ は $\lambda^2-2\lambda-3=0$ で決まる. この解として, $\lambda_1=3, \lambda_2=-1$ を得るので, 一般解は, (3.35)から,

$$y = ae^{3x}+be^{-x}$$

となる. (3-1節の例題3.2の結果と比べてみよ.) ▎

例題 3.4 $y''-6y'+9y=0$ の一般解を求めよ.

[解] やはり $y=e^{\lambda x}$ とおく. 特性方程式として $\lambda^2-6\lambda+9=0$ を得るが, この解は $\lambda=3$ (2重解)である. (3.36)から, 一般解は

$$y = (a+bx)e^{3x} \quad ▎$$

例題 3.5 $y''+k^2y=0$ の任意の解が(3.29)で与えられることを使って, オイラーの公式(3.27)を証明せよ.

[解] この方程式の指数関数解は e^{ikx} である. これを(3.29)のように三角関数解の1次結合で書くと,

$$e^{ikx} = a\cos kx + b\sin kx \qquad \text{(A)}$$

これを x で微分すると

$$ike^{ikx} = -ka\sin kx + kb\cos kx \qquad \text{(B)}$$

となる. (A), (B)で $x=0$ とおいて, $e^0=1$ を考慮すると,

$$1 = a\cos(k\times 0)+b\sin(k\times 0) = a$$
$$ik = -ka\sin(k\times 0)+kb\cos(k\times 0) = kb$$

となるので, $a=1, b=i$ が得られる. (A)にこれを入れると, オイラーの公式 $e^{ikx}=\cos kx+i\sin kx$ が導かれる. ▎

例題 3.6 速度に比例した抵抗があるときのバネ振動の方程式

の初期値解 ($x(0)=x_0$, $[dx/dt]_{t=0}=0$) を求めよ．

$$\frac{d^2x}{dt^2}+\nu\frac{dx}{dt}+\omega^2 x=0 \qquad (\nu, \omega=\text{定数})$$

[解] 定数係数の微分方程式であるから，指数関数解 $x=e^{\lambda t}$ を入れると，特性方程式は

$$\lambda^2+\nu\lambda+\omega^2=0$$

となる．係数 ν と ω の大小に応じて次の3つの場合が考えられる．

(I) $\omega^2 > \nu^2/4$ のとき．このときは λ は2つの共役複素解

$$\lambda=-\frac{\nu}{2}\pm i\Omega, \qquad \Omega=\sqrt{\omega^2-\frac{\nu^2}{4}}$$

になる．したがって，一般解は

$$x=ce^{-\nu t/2+i\Omega t}+de^{-\nu t/2-i\Omega t}$$

で与えられる (c, d=積分定数)．これをオイラーの公式

$$e^{-\nu t/2 \pm i\Omega t}=e^{-\nu t/2}[\cos(\Omega t)\pm i\sin(\Omega t)]$$

を使って書きかえる．$a=c+d$, $b=i(c-d)$ とすれば

$$x=[a\cos(\Omega t)+b\sin(\Omega t)]e^{-\nu t/2}$$

を得る．ここで初期条件 $x(0)=x_0$ を入れると，$a=x_0$ を得る．初速度＝0の条件を入れるために，x を t で微分する．

$$\frac{dx}{dt}=\left[\left(-\frac{\nu}{2}a+\Omega b\right)\cos(\Omega t)-\left(\frac{\nu}{2}b+\Omega a\right)\sin(\Omega t)\right]e^{-\nu t/2}$$

ここで，$[dx/dt]_{t=0}=0$ とおいて，$-\frac{\nu}{2}a+\Omega b=0$, $b=\frac{\nu}{2\Omega}x_0$ を得る．これを上の表式に入れて，

$$x=x_0\left[\cos(\Omega t)+\frac{\nu}{2\Omega}\sin(\Omega t)\right]e^{-\nu t/2}$$

この結果を図3-3に示す．$2\pi/\Omega$ を周期として振動しながら，指数関数的に減衰している．$\Omega<\omega$ であるから，このときの周期 $2\pi/\Omega$ は $\nu=0$ のときの周期 $2\pi/\omega$ に比べて長くなっている．

(II) $\omega^2=\nu^2/4$ のとき．指数 λ は2重解になって，$\lambda=-\nu/2$ である．一般解は，(3.36)を用いて

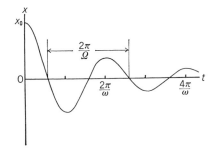

図 3-3 バネの減衰振動
$(\omega > \nu/2)$: $\nu = 0.3\omega$

$$x = (a+bt)e^{-\nu t/2}$$

となる．これを t で微分して

$$\frac{dx}{dt} = \left[-\frac{\nu}{2}a+b\left(1-\frac{\nu}{2}t\right)\right]e^{-\nu t/2}$$

これから $x(0)=a$, $[dx/dt]_{t=0}=-\nu a/2+b$ となるので，初期条件を考慮して，$a=x_0$, $b=(\nu/2)x_0$ が決められる．すなわち，

$$x = x_0\left(1+\frac{\nu}{2}t\right)e^{-\nu t/2}$$

図 3-4 で示すように，x は振動せずに減衰をする（**臨界減衰**）．

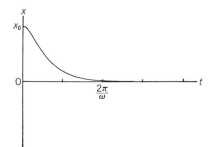

図 3-4 バネの減衰振動
$(\omega = \nu/2)$: 臨界減衰

(III) $\omega^2 < \nu^2/4$ のとき．特性方程式の解は 2 実数になって，

$$\lambda = -\frac{\nu}{2}t \pm \gamma \quad \left(\gamma = \sqrt{\frac{\nu^2}{4}-\omega^2}\right)$$

と与えられる．一般解は (3.35) から

$$x = (ae^{\gamma t}+be^{-\gamma t})e^{-\nu t/2}$$

である．初期条件から，

$$a+b=x_0, \quad \left(\gamma-\frac{\nu}{2}\right)a-\left(\gamma+\frac{\nu}{2}\right)b=0$$

あるいは，

$$a=\frac{x_0}{2}\left(1+\frac{\nu}{2\gamma}\right), \quad b=\frac{x_0}{2}\left(1-\frac{\nu}{2\gamma}\right)$$

これを上に入れて，

$$x=x_0\left[\cosh(\gamma t)+\frac{\nu}{2\gamma}\sinh(\gamma t)\right]e^{-\nu t/2}$$

ここで，$\cosh z$ と $\sinh z$ は双曲線関数で，

$$\cosh z=\frac{1}{2}(e^z+e^{-z}), \quad \sinh z=\frac{1}{2}(e^z-e^{-z})$$

で定義されている．また，図 3-5 に変位の時間変化を示す．x は時間とともに減少している．これを**過減衰**という．

ここで，次のことを注意しておこう．抵抗があればバネの復元力は弱められる．この効果は ν が大きいほど著しいので，図 3-5 の場合は図 3-4 に比べて $x\to 0$ への復帰が遅くなっている．

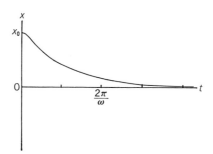

図 3-5 バネの減衰振動($\omega<\nu/2$): 過減衰，$\nu=3.6\omega$

問 題 3-2

1. 次の2階斉次線形微分方程式の一般解を求めよ．

(1) $y''-8y'+15y=0$ (2) $y''-8y'+16y=0$

(3) $y''-8y'+32y=0$ (4) $2y''-5y'+3y=0$

(5) $2y''-5y'+4y=0$ (6) $y''+(\alpha+\beta)y'+\alpha\beta y=0$

最大の計算家

　数学で, e といえば指数, π は円周率, i は虚数単位を表わすものと相場は決まっている. また, たいていの人は三角形の頂角を表わすのに大文字の A, B, C を, 辺には小文字の a, b, c を使う. このような習慣はオイラーに始まるとされている. 三角関数の記号に sin, cos, tan などを使い出したのも, x の関数に $f(x)$ の文字をあてたのもオイラーである. 積分因子の使用, 斉次形と非斉次形の区別, 特解と一般解の区別など, みな彼によるものである. そのうえ現代の教科書にのっている微積分の演習問題のいくつかは彼の著書にその出典を見ることができるという. 18 世紀の人でありながら, 彼ほどわれわれの間近にいる数学者は少ないだろう.

　ところで, オイラー(Euler, Leonhard : 1707-1783) は,「最大の計算家」と称された数学者で, 76 歳で死ぬまでに 800 編を超える書籍や論文を残している. あまりその数が多いので, 生きている間に論文を発表し切れず, ペテルブルグ学士院は刊行し終わるのに死後半世紀もかかっている. その研究の内容は数学はもとより, 天文学, 物理学, 医学, 植物学, 化学の分野にまで及んでいる. 59 歳には両眼失明という試練を受けながら, 非凡な記憶力と精神力に支えられて, それ以後引きつづいて 17 年間も数学の研究に没頭し論文を書きつづけた. 死の直前も, 孫とたわむれながら天王星の軌道計算をしていたが,「突然パイプが口からパタリと落ちた. そのとき呼吸と計算が同時に止んだ」と記されている. 一説によれば, 意識を失う前に「もう死ぬよ」といったともされている.

3-3　2階斉次方程式の基本解

1次従属，1次独立　$u_1(x)$ と $u_2(x)$ が関数として互いに比例しているとき，すなわち

$$u_1(x) = Cu_2(x) \qquad (C=定数) \tag{3.40}$$

のとき，$u_1(x)$ と $u_2(x)$ は **1次従属** (linearly dependent)であるという．また，$u_1(x)$ と $u_2(x)$ が関数として比例関係にないとき，すなわち

$$\frac{u_1(x)}{u_2(x)} = (x の関数) \neq 定数 \tag{3.41}$$

のとき，$u_1(x)$ と $u_2(x)$ は **1次独立** (linearly independent)であるという．

この定義は，次のようにいいかえることもできる．

同時に0とならない定数 c_1, c_2 に対して，

$$c_1 u_1(x) + c_2 u_2(x) = 0 \qquad (c_1, c_2 \neq 0) \tag{3.42}$$

が恒等的に成立するとき，$u_1(x)$ と $u_2(x)$ は1次従属である．$c_1=c_2=0$ の場合に限って(3.42)式が成立するとき，$u_1(x)$ と $u_2(x)$ は1次独立である．

このいいかえをすると，1次従属や独立の考えかたを，関数が $n (\geqq 2)$ 個ある場合にも自然に拡張できる．

[例1]　$y'' - 2y' - 3y = 0$ の2つの解 $y_1 = e^{3x}$, $y_2 = e^{-x}$ は，$y_1/y_2 = e^{4x}$ となるので，(3.41)式から互いに1次独立であることがわかる．$y_3 = 0$ も解であるが，$c_2 y_2 + c_3 y_3 = 0$ が $c_2 = 0$, $c_3 \neq 0$ (同時に0にならない)で満たされるので，y_2 と y_3 は1次従属である．

基本解　前節の(3.35), (3.36)で，斉次方程式(3.2)の一般解を

$$y = c_1 y_1(x) + c_2 y_2(x) \tag{3.43}$$

の形式で与えた．1次結合を構成する y_1, y_2 は斉次方程式の解であって，たとえば特性方程式が異なる2つの解 λ_1, λ_2 をもつ場合には，

$$y_1 = e^{\lambda_1 x}, \qquad y_2 = e^{\lambda_2 x} \tag{3.44}$$

となる．$\lambda_1=\lambda_2=\lambda$ の場合には，(3.36)を使って，
$$y_1 = e^{\lambda x}, \quad y_2 = xe^{\lambda x} \tag{3.45}$$
となる．いずれの場合も $y_2/y_1 \neq$ 定数 であるので，y_1, y_2 は互いに1次独立である．そこで，このことをまとめれば，次の結論を得る．

<u>斉次方程式(3.2)の任意の解 $y(x)$ は，その方程式の1次独立な2つの解 y_1, y_2 の1次結合を用いて，(3.43)のように表わされる．</u>

(3.43)のような1次結合の基礎となる互いに独立な解(ここでは y_1, y_2)のことを**基本解**(または**基本系**)という．ここで考えている微分方程式は2階であるために，2つの基本解，すなわち y_1, y_2 が存在するのである．

例題 3.7 $y'' - y' - 6y = 0$ の基本解を求めよ．

[解] 特性方程式 $\lambda^2 - \lambda - 6 = 0$ の解は $\lambda_1 = 3, \lambda_2 = -2$ であるから，基本解(3.44)は，$y_1 = e^{3x}, y_2 = e^{-2x}$ で与えられる．∎

例題 3.8 $y'' - 4y' + 4y = 0$ の基本解を求めよ．

[解] 特性方程式 $\lambda^2 - 4\lambda + 4 = 0$ は2重解 $\lambda_1 = \lambda_2 = 2$ をもつので，基本解は，(3.45)から $y_1 = e^{2x}, y_2 = xe^{2x}$ となる．∎

例題 3.9 $y'' + y = 0$ の基本解を求めよ．

[解] 特性方程式 $\lambda^2 + 1 = 0$ は2つの虚数解 $\lambda = \pm i$ をもつ．したがって，基本解(3.44)は，$y_1 = e^{ix}, y_2 = e^{-ix}$ である．あるいは，これを組み合わせたもの，
$$z_1 = \frac{1}{2}(y_1 + y_2) = \cos x, \quad z_2 = \frac{1}{2i}(y_1 - y_2) = \sin x$$
もやはり基本解をつくる．なぜならば，z_1, z_2 はともに与式の解であって，互いに1次独立であるからである．∎

例題3.9のように，基本解の選びかたには任意性がある．たとえば，
$$y'' - 2y' - 3y = 0 \tag{3.46}$$
を考えてみよう．例題3.3で示したように，この指数関数型の基本解は $y_1 = e^{3x}, y_2 = e^{-x}$ で与えられるので，一般解は
$$y = ae^{3x} + be^{-x} \tag{3.47}$$
と表わせる．一方，この y_1, y_2 を組み合わせて，

$$z_1 = \frac{1}{4}(e^{3x}+3e^{-x}), \qquad z_2 = \frac{1}{4}(e^{3x}-e^{-x}) \qquad (3.48)$$

としたものを考えてみよう．もちろん，これらの1次結合も(3.46)の解である．いま(3.48)を書き直すと，

$$e^{3x} = z_1+3z_2, \qquad e^{-x} = z_1-z_2 \qquad (3.49)$$

となるので，これを(3.47)に代入すると，

$$y = (a+b)z_1+(3a-b)z_2 \qquad (3.50)$$

となる．すなわち，任意の解 y を z_1, z_2 の1次結合で表わすこともできる．さらに，

$$\frac{z_1}{z_2} = \frac{1+3e^{-4x}}{1-e^{-4x}} \neq 定数$$

となることから，z_1, z_2 は互いに1次独立であることは明らかである．したがって，(3.48)で定義した z_1, z_2 もやはり基本解である．このように基本解の組合せは1通りには決まらないので，計算に便利なように選べばよい．いまの例でいえば，z_1, z_2 は $x=0$ における初期条件を与えやすいように選んである．すなわち，

$$z_1(0) = 1, \quad z_1'(0) = 0, \quad z_2(0) = 0, \quad z_2'(0) = 1$$

となるので，この z_1, z_2 を用いれば，$y(0)=A, y'(0)=B$ を満たす(3.46)の初期値解は

$$y = Az_1+Bz_2 \qquad (3.51)$$

のように簡単に表わすことができる．

例題 3.10 $y''-6y'+9y=0$ において，$y_1(0)=1, y_1'(0)=0, y_2(0)=0, y_2'(0)=1$ を満たす基本解 y_1, y_2 を求めよ．

[解] 例題 3.4 で示したように，一般解は $y=(a+bx)e^{3x}$ である．y_1, y_2 もこの形式で表わされるはずであるので，

$$y_j = (a_j+b_j x)e^{3x} \qquad (j=1,2)$$

として，係数 a_j, b_j を $x=0$ における初期条件から決めればよい．

$$y_j(0) = a_j e^{3\times 0} = a_j, \qquad y_j'(0) = (3a_j+b_j)e^{3\times 0} = 3a_j+b_j$$

3-3 2階斉次方程式の基本解

に初期値を入れて，
$$a_1 = 1, \ b_1 = -3, \quad a_2 = 0, \ b_2 = 1$$
であるから，
$$y_1 = (1-3x)e^{3x}, \quad y_2 = xe^{3x}$$
が求められる. ▮

[注意] (3.43)式から分かるように，斉次方程式の基本解の組 y_1, y_2 に対して，係数 (c_1, c_2) の組合せを与えれば任意の解を表わすことができる．これは，ちょうど平面(2次元空間)において，基準となる座標軸を決めてやれば，任意の点が2つの座標 (c_1, c_2) で表わされるのと，事情は同じである(図3-6)．平面幾何学の場合には，2つの座標軸に沿った単位ベクトルを $\boldsymbol{i}_1, \boldsymbol{i}_2$ とすると，任意の点の位置ベクトル $\boldsymbol{r}$ は
$$\boldsymbol{r} = c_1\boldsymbol{i}_1 + c_2\boldsymbol{i}_2 \tag{3.43'}$$
と書ける．これを(3.43)とくらべる．(3.2)式の任意の解 $y(x)$ に対して2次元ベクトル $\boldsymbol{r}$ を対応させると，解の全体は2次元空間全体に，1つの解は空間内の1点に対応している．また，$(y_1, y_2) \leftrightarrow (\boldsymbol{i}_1, \boldsymbol{i}_2)$ の対応関係が成り立つ．基本解の選択は座標軸の選択に対応している．平面上の点を表わすのに座標軸を任意に選ぶことができるように，基本解の選びかたも一意的でない．▮

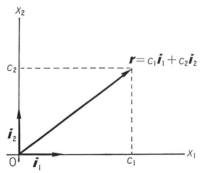

図3-6 基本解と基本ベクトル

解の一意性の定理 $y_1(x), y_2(x)$ がともに(3.2)式の解であって，$x=a$ で初期条件
$$y_1(a) = y_2(a), \quad y_1'(a) = y_2'(a) \tag{3.52}$$

を満たすとき，$y_1(x) = y_2(x)$ である．

［証明］　y_1, y_2 は(3.2)の解であるから，
$$y_1'' + py_1' + qy_1 = 0, \quad y_2'' + py_2' + qy_2 = 0$$
である．この第2式に y_1 を第1式に y_2 を乗じて引き算すると，
$$y_1 y_2'' - y_2 y_1'' + p(y_1 y_2' - y_2 y_1') = 0 \tag{3.53}$$
となる．左辺の第1項は
$$y_1 y_2'' - y_2 y_1'' = \frac{d}{dx}(y_1 y_2' - y_2 y_1')$$
であるから，(3.53)は
$$\frac{d}{dx}(y_1 y_2' - y_2 y_1') = -p(y_1 y_2' - y_2 y_1') \tag{3.54}$$
となる．これは $(y_1 y_2' - y_2 y_1') = W(x)$ に関して変数分離型の微分方程式であるので，両辺に dx/W を乗じて積分して(2-1節を見よ)，
$$\int \frac{dW}{W} = \log|W| = -px + c \quad (c=\text{積分定数})$$
これを W について解いて
$$W(x) = y_1(x)y_2'(x) - y_2(x)y_1'(x) = we^{-px} \tag{3.55}$$
となる．ここで，w (=定数)の値は $x=a$ における $W(x)$ の値から決めることにする．すなわち，(3.55)で $x=a$ とおいて，
$$w = e^{pa}W(a) = e^{pa}[y_1(a)y_2'(a) - y_2(a)y_1'(a)]$$
である．初期条件(3.52)を考慮すれば，右辺=0 となるので，$w=0$ が得られる．これを(3.55)に入れて，
$$y_1(x)y_2'(x) - y_2(x)y_1'(x) = 0$$
を得る．この式を y_1^2 で割れば，
$$\frac{1}{y_1}y_2' + \left(-\frac{1}{y_1^2}y_1'\right)y_2 = \frac{d}{dx}\left(\frac{y_2}{y_1}\right) = 0$$
となるので，これを積分して，y_2/y_1=定数=c，すなわち
$$y_2(x) = cy_1(x)$$
が導かれる．ここで，$x=a$ とおいて初期条件を使うと

$$y_2(a) = cy_1(a) = cy_2(a)$$

となって $c=1$，すなわち $y_1(x)=y_2(x)$ を示すことができた．∎

この一意性の定理は，ある初期条件を満たす(3.2)式の解はただ 1 つしか存在しないことをいっている．

―――――――――――――――――― 問　題 3-3 ――――――――――――――――――

1. 次の微分方程式の一般解を求めよ．
 (1) $y'' - 7y' + 12y = 0$　　(2) $y'' - 6y' + 8y = 0$
 (3) $y'' - 8y' + 16y = 0$　　(4) $y'' - (\alpha+\beta)y' + \alpha\beta y = 0$
 (5) $y'' + \dfrac{1}{x}y' - \dfrac{1}{x^2}y = 0$　　$(y_1 = x)$
 (6) $y'' - \dfrac{\alpha}{x}y' + \dfrac{\alpha}{x^2}y = 0$　　$(y_1 = x)$
 (7) $x^2 y'' - (\alpha+\beta-1)xy' + \alpha\beta y = 0$　　$(y_1 = x^\alpha)$
 (8) $xy'' - (1+x)y' + y = 0$　　$(y_1 = 1+x)$

2. e^{ax}, e^{bx} を解とする線形の 2 階定数係数微分方程式（斉次）を求めよ．（ヒント：$y'' + py' + qy = 0$ に $y = C_1 e^{ax} + C_2 e^{bx}$ を代入して，係数 p, q を決めよ．）

――

3-4　非斉次方程式の解

一般解の構成　(3.2)式の基本解 $y_1(x), y_2(x)$ を用いて，非斉次方程式(3.1)の一般解を求めてみよう．1 階方程式の場合の定数変化法を拡張して用いる．すなわち，斉次方程式(3.2)の一般解は(3.43)のように，基本解の 1 次結合で表わされる．

$$y(x) = c_1 y_1(x) + c_2 y_2(x)$$

そこで，非斉次の場合は，この 1 次結合の係数が x の関数であると考えて，定数変化法によって

$$y(x) = z_1(x) y_1(x) + z_2(x) y_2(x) \tag{3.56}$$

と書いてみる．これが(3.1)式を満たすように未知関数 $z_1(x), z_2(x)$ を決めてゆくのである．決定すべき未知関数は $z_1(x), z_2(x)$ の2個であるにもかかわらず，代入すべき方程式は1つしかないので，任意性を消すために

$$\frac{dz_1}{dx}y_1(x)+\frac{dz_2}{dx}y_2(x) = 0 \tag{3.57}$$

という条件をつける．この条件を考慮すると，y の微分は

$$y' = z_1y_1'+z_1'y_1+z_2y_2'+z_2'y_2 = z_1y_1'+z_2y_2' \tag{3.58a}$$

$$y'' = z_1'y_1'+z_2'y_2'+z_1y_1''+z_2y_2'' \tag{3.58b}$$

と書くことができる．これらを(3.1)式に代入すると，

$$左辺 = y_1'\frac{dz_1}{dx}+y_2'\frac{dz_2}{dx}$$
$$+(y_1''+py_1'+qy_1)z_1+(y_2''+py_2'+qy_2)z_2$$

となる．y_1, y_2 は(3.2)の解であるので，2行目が消えて

$$y_1'\frac{dz_1}{dx}+y_2'\frac{dz_2}{dx} = r(x) \tag{3.59}$$

を得る．(3.57)と(3.59)を連立させて dz_1/dx について解くと，

$$\frac{dz_1}{dx} = \frac{y_2r(x)}{y_2y_1'-y_1y_2'} \tag{3.60}$$

となる．前節で(3.55)を導いたのと同様に，

$$y_1(x)y_2'(x)-y_2(x)y_1'(x) = W_0e^{-px} \tag{3.61a}$$

$$W_0 = y_1(0)y_2'(0)-y_2(0)y_1'(0) \tag{3.61b}$$

を示すことができるので，(3.60)は

$$\frac{dz_1}{dx} = -\frac{1}{W_0}e^{px}y_2(x)r(x)$$

となる．これを積分して

$$z_1(x) = c_1-\frac{1}{W_0}\int^x [e^{px'}y_2(x')r(x')]dx' \tag{3.62a}$$

を得る(c_1=積分定数)．同様にして

$$z_2(x) = c_2+\frac{1}{W_0}\int^x [e^{px'}y_1(x')r(x')]dx' \tag{3.62b}$$

である(c_2=積分定数)．これを(3.56)に代入すると，一般解の表現として次の公式を得る．

$$y(x) = c_1 y_1(x) + c_2 y_2(x) + Y(x) \tag{3.63}$$

$$Y(x) = \int^x G(x, x') r(x') dx' \tag{3.64}$$

ただし

$$G(x, x') = \frac{1}{W_0} [y_2(x) y_1(x') - y_1(x) y_2(x')] e^{px'} \tag{3.65}$$

$$W_0 = y_1(0) y_2'(0) - y_2(0) y_1'(0)$$

一般解(3.63)は2つの部分からなっている．はじめの2項は斉次方程式の一般解(3.43)に同じである．この項はまったく非斉次項$r(x)$を含まない．非斉次項$r(x)$の影響は第3項だけに現われ，この部分は非斉次方程式の**特解**(particular solution)である．これから，次の結論を得る．

<u>非斉次方程式の一般解は，非斉次方程式の特解に，対応する斉次方程式の一般解を加えたものである．</u>

例題 3.11 $y'' - 4y' + 3y = x$ の一般解を求めよ．

[解] 対応する斉次方程式の特性方程式は $\lambda^2 - 4\lambda + 3 = 0$ となるので，その解は $\lambda_1 = 1$, $\lambda_2 = 3$ である．したがって，基本解は $y_1 = e^x$, $y_2 = e^{3x}$ となる．(3.61b)から，$W_0 = [e^x \cdot 3e^{3x} - e^x \cdot e^{3x}]_{x=0} = 2$ となるので，

$$G(x, x') = \frac{1}{2} (e^{3x} e^{x'} - e^x e^{3x'}) e^{-4x'}$$

$$= \frac{1}{2} (e^{3(x-x')} - e^{x-x'})$$

を得る．(3.64)を使って特解は

$$Y(x) = \frac{1}{2} \int^x \{e^{3(x-x')} - e^{x-x'}\} x' dx'$$

$$= \frac{1}{2} \left[-\frac{1}{3} \left(x + \frac{1}{3} \right) + (x+1) \right] = \frac{1}{3} \left(x + \frac{4}{3} \right)$$

となる．これを(3.63)に入れると，一般解として

が得られる。

解の重ね合せの定理 f_1, f_2 を，それぞれ
$$f_1''+pf_1'+qf_1=r_1, \quad f_2''+pf_2'+qf_2=r_2 \tag{3.66}$$
の解であるとする．$r_1+r_2=r$ であれば，$y=f_1+f_2$ は(3.1)の解である．

[証明] f_1, f_2 に関する方程式，(3.66)を加え合わせて，
$$(f_1+f_2)''+p(f_1+f_2)'+q(f_1+f_2)=r_1+r_2=r$$
を得る．これは(3.1)式と同じである．すなわち，$f_1+f_2=y$ は(3.1)の解である．

例題 3.12 次の特解を求めよ．

(1) $y''-3y'+2y=\cos x$ 　　(2) $y''-3y'+2y=e^x$

(3) $y''-3y'+2y=2\cos x+3e^x$

[解] これらの方程式に対応した斉次式 $y''-3y'+2y=0$ の特性方程式は $\lambda^2-3\lambda+2=0$，その解は $\lambda_1=1, \lambda_2=2$ である．したがって，基本解は $y_1=e^x, y_2=e^{2x}$ である．(3.61b)に入れると，$W_0=1$ になるので，(3.65)から
$$G(x,x')=(e^{2x}e^{x'}-e^x e^{2x'})e^{-3x'}=e^{2(x-x')}-e^{x-x'}$$
である．これを(3.64)に用いてそれぞれの場合の特解を得る．

(1) $Y_1(x)=\int G(x,x')\cos x'dx'=\dfrac{1}{10}\cos x-\dfrac{3}{10}\sin x$

(2) $Y_2(x)=\int G(x,x')e^{x'}dx'=-(1+x)e^x$

(3) $Y_3(x)=\int G(x,x')(2\cos x'+3e^{x'})dx'$

$\qquad =\dfrac{1}{5}\cos x-\dfrac{3}{5}\sin x-3(1+x)e^x$

(3)の解は(1)と(2)の解の重ね合せになっている．

このように，非斉次項がいくつかの項に分けられるときには，各項ごとに別々に解を求めて重ね合せの定理を使えばよい．例題3.12では，$Y_3(x)=$

$2Y_1(x)+3Y_2(x)$ として解が求められる.

―――――――――――――― 問 題 3-4 ――――――――――――――

1. 次の非斉次方程式の特解を求めよ.
   (1) $y''-4y=1$ (2) $y''-4y=x$
   (3) $y''-4y=\sin x$ (4) $y''-4y=\cos x$
   (5) $y''-4y=e^{2x}$ (6) $y''-4y=e^{-2x}$

3-5 非斉次方程式の解法:代入法

問題によっては,非斉次方程式の特解を求めるのに,(3.63)~(3.65)を用いるよりも,代入法によるほうが簡単な場合がある.例として,
$$y''-4y'+3y=x \tag{3.67}$$
を考える(例題3.11).この方程式が意味しているのは,yとその1階ならびに2階微分の1次結合がxに等しいということである.したがって,特解はxの多項式で表わされると予想できる.そこで,解を
$$y=ax+b \tag{3.68}$$
と推定して,未定係数a,bを決める.(3.68)を(3.67)に代入すれば,左辺$=(ax+b)''-4(ax+b)'+3(ax+b)$から
$$3ax+(3b-4a)=x$$
となる.両辺を比較すれば,$3a=1$, $3b-4a=0$ となるので,これを解いて,$a=1/3$, $b=4/9$ が得られる.したがって,特解は
$$Y(x)=\frac{x}{3}+\frac{4}{9}$$
であることがわかる.

特解の関数形の選びかたは,方程式(3.1)に現われる非斉次項$r(x)$の形に依存している.いくつかの典型的な例を以下に示しておこう.

（I）　$r(x)=Ax^n$（$A=$定数）．特解を x^n から始まる多項式
$$Y(x) = a_0 x^n + a_1 x^{n-1} + \cdots + a_{n-1}x + a_n = \sum_{j=0}^{n} a_j x^{n-j}$$
であるとして，この係数 a_j（$j=0, 1, \cdots, n$）を代入法により逐次決める．

例題 3.13　$y''-4y'+3y=x^2$ の特解を求めよ．

[解]　特解を $Y(x)=ax^2+bx+c$ とおいて代入して整理すると，
$$\begin{aligned}\text{左辺} &= (ax^2+bx+c)''-4(ax^2+bx+c)'+3(ax^2+bx+c)\\ &= 3ax^2+(3b-8a)x+(3c-4b+2a)\end{aligned}$$
を得る．これを非斉次項 x^2 に等しいとおいて，x の各ベキの係数をくらべて，
$$3a = 1, \quad 3b-8a = 0, \quad 3c-4b+2a = 0$$
となる．これを解いて，$a=1/3$, $b=8/9$, $c=26/27$ が得られる．すなわち，特解は $Y(x)=x^2/3+8x/9+26/27$ である．∎

（II）　$r(x)=A\cos\omega x+B\sin\omega x$（$A, B=$定数）．特解を
$$Y(x) = a\cos\omega x + b\sin\omega x$$
とおけばよい．このことは，三角関数を微分したものはやはり三角関数で表わせることから理解できる．

例題 3.14　$y''-4y'+3y=\cos x$ の特解を求めよ．

[解]　特解を $Y(x)=a\cos x+b\sin x$ とおいて代入すると，
$$(2a-4b)\cos x + (2b+4a)\sin x = \cos x$$
を得るので，両辺をくらべて，$2a-4b=1$, $4a+2b=0$ で，この連立方程式を解いて，$a=1/10$, $b=-1/5$．すなわち，特解は $Y(x)=(1/10)(\cos x-2\sin x)$ である．∎

（III）　$r(x)=Ae^{kx}$（ただし $k^2+pk+q\neq 0$, $A=$定数）．特解を
$$Y(x) = ae^{kx}$$
とおく．(3.1)式に代入すると，$a(k^2+pk+q)e^{kx}=Ae^{kx}$ が得られるので，$a=A/(k^2+pk+q)$，すなわち
$$Y(x) = \frac{A}{k^2+pk+q}e^{kx}$$
を得る．

もし $k^2+pk+q=0$ であれば，この特解の分母は 0 になるので，a を決めることはできない．この場合には次のようにする．

(IV)　$r(x)=Ae^{kx}$ (ただし $k^2+pk+q=0$, A=定数)．特解を
$$Y(x) = axe^{kx}$$
とおく．(3.1)式に代入すると
$$a[x(k^2+pk+q)+2k+p]e^{kx} = Ae^{kx}$$
が得られる．$k^2+pk+q=0$ であるから，$a=A/(p+2k)$ となって，
$$Y(x) = \frac{Ax}{p+2k}e^{kx}$$
を得る．

例題 3.15　$y''-4y'+3y=3e^{2x}+4e^x+2e^{3x}$ を解け．

[解]　斉次解を e^{kx} とすると，特性方程式は $k^2-4k+3=0$ となるので，その解は $k=1,3$ である．すなわち，斉次解は e^x, e^{3x} となる．非斉次項の一部 $4e^x$ や $2e^{3x}$ はそれぞれ斉次解 e^x, e^{3x} に比例しているので，特解を
$$Y(x) = ae^{2x}+bxe^x+cxe^{3x}$$
とおいて，与式に代入する．
$$-ae^{2x}-2be^x+2ce^{3x} = 3e^{2x}+4e^x+2e^{3x}$$
両辺を比較して，$a=-3$, $b=-2$, $c=1$ が得られる．∎

例題 3.16　$y''+y=\cos x$ の特解を求めよ．

[解]　(II)のように，$Y(x)=a\cos x+b\sin x$ とおいて方程式に代入しても，
$$\begin{aligned}左辺 &= a[(\cos x)''+\cos x]+b[(\sin x)''+\sin x] \\ &= a\times 0+b\times 0 = 0\end{aligned}$$
となって，a や b は決まらない．それは $\cos x$ や $\sin x$ が斉次方程式 $y''+y=0$ の解になっているからである．そこで，(IV)にならって，特解＝$x\times$斉次解 の形においてみる．すなわち，
$$Y(x) = x(a\cos x+b\sin x)$$
として，与式に代入すれば，
$$-2a\sin x+2b\cos x = \cos x$$

となって，$a=0$, $b=1/2$, 特解は $Y=(x/2)\sin x$ である．∎

例題 3.17 $d^2x/dt^2+\omega^2 x=A\sin\Omega t$ $(\omega\neq\Omega)$ の解を求めよ．

[解] まず，特解から求める．(II)にならって特解を $x=c\sin\Omega t+d\cos\Omega t$ とおいて，運動方程式に代入すれば，

$$(-\Omega^2+\omega^2)c\sin\Omega t+(-\Omega^2+\omega^2)d\cos\Omega t = A\sin\Omega t$$

となるので，$c=A/(\omega^2-\Omega^2)$, $d=0$ を得る．すなわち，

$$特解 = \frac{A}{\omega^2-\Omega^2}\sin\Omega t$$

を得る．一般解は(3.63)～(3.65)の下のところで述べたように，この特解に斉次方程式

$$\frac{d^2x}{dt^2}+\omega^2 x=0$$

の解を加えたものである．この基本解は $x_1=\cos\omega t$, $x_2=\sin\omega t$ である(例題3.1を見よ)．したがって，一般解は，

$$x = a\cos\omega t+b\sin\omega t+\frac{A}{\omega^2-\Omega^2}\sin\Omega t$$

となる．いま，$t=0$ で $x=dx/dt=0$ の初期条件を与えると，

$$a=0, \quad \omega b+\frac{\Omega A}{\omega^2-\Omega^2}=0$$

となって，初期値解は

$$x = \frac{A}{\omega^2-\Omega^2}\left[\sin\Omega t-\frac{\Omega}{\omega}\sin\omega t\right]$$

で与えられる．この初期値解の単振動は外力によって動かされているだけで，強制振動とよばれる．この解は分母に $\omega^2-\Omega^2$ の因子を含むので，$\Omega\to\omega$ のときには振動の振幅は非常に大きくなる．このように，単振動の固有周波数に近い周波数の外力を加えるときに振幅が増大することを**共鳴**，または**共振**(resonance)とよんでいる．もちろん，上の結果は，$\omega=\Omega$ の場合にそのまま適用できない(次の例題を見よ)．

図3-7に初期値解の時間発展のようすが示されている．∎

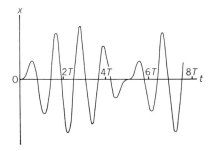

図 3-7　$d^2x/dt^2+\omega^2 x = A\sin\Omega t$ の解
（強制振動：$\Omega=0.8\omega$）：$T=2\pi/\omega$

例題 3.18　例題 3.17 で $\omega=\Omega$ の場合の解を求めよ．

[解]　非斉次項は斉次解になっているので，例題 3.16 の解きかたを使う．特解を $x(t)=t(c\cos\omega t+d\sin\omega t)$ として，運動方程式
$$x''+\omega^2 x = A\sin\omega t$$
に代入すると，$-\omega(2c\sin\omega t-2d\cos\omega t)=A\sin\omega t$ となるので，$c=-A/2\omega$，$d=0$ を得る．したがって，一般解は
$$x = \left(a-\frac{At}{2\omega}\right)\cos\omega t + b\sin\omega t \quad (a,b=\text{任意定数})$$
である．ここで，$t=0$ で $x=dx/dt=0$ の初期条件を与えると，
$$a=0, \quad \omega b-\frac{A}{2\omega}=0$$

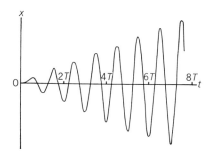

図 3-8　$d^2x/dt^2+\omega^2 x = A\sin\Omega t$ の解
（共鳴振動：$\Omega=\omega$）：$T=2\pi/\omega$

であるから，初期値解は

$$x = \frac{A}{2\omega^2}(\sin \omega t - \omega t \cos \omega t)$$

となる．この解は t に比例した部分を含んでいるので，図3-8に示されているように，振幅は周期 $2\pi/\omega$ で振動しながら，時間に比例して増大してゆく（共鳴振動）．

問 題 3-5

1. 問題3-4の特解を代入法を用いて求めよ．
2. 次の非斉次方程式の特解を求めよ．
   (1) $y'' - 4y = x + x^2 + \sin x$　　(2) $y'' - 5y' - 4y = x + x^2 + \sin x$
   (3) $y'' + y = x + x^2 + \sin x$

第3章演習問題

[1] 次の斉次方程式の一般解を求めよ．
   (1) $y'' - y = 0$　　　　　　(2) $y'' - 4y' + 3y = 0$
   (3) $y'' + 2y' + y = 0$　　　(4) $y'' - 4y' + 4y = 0$
   (5) $y'' - 6y' + 13y = 0$　　(6) $3y'' + 2y' - y = 0$

[2] 次の斉次方程式の一般解を求めよ．
   (1) $y'' + y = 0$　　　　　　(2) $y'' + 9y = 0$
   (3) $y'' + 2y' + 2y = 0$　　 (4) $y'' + 2y' + 10y = 0$
   (5) $2y'' + 2y' + y = 0$　　 (6) $2y'' - 2y' + y = 0$

[3] 次の非斉次方程式の特解を求めよ．
   (1) $y'' - y = x$　　　　　　(2) $y'' - y = e^{2x}$
   (3) $y'' - y = \sin x$　　　 (4) $y'' + 2y' - 3y = x^2$
   (5) $y'' + 2y' - 3y = e^{2x}$　(6) $y'' + 2y' - 3y = \cos x$

(7) $y''-2y'+5y = x$ (8) $y''-2y'+5y = e^x$

(9) $y''-2y'+5y = \sin x$

[4] 次の微分方程式の一般解を求めよ．

(1) $y''-y = e^x$ (2) $y''+y = \sin x$

(3) $y''-y = xe^x$ (4) $y''+y = x\sin x$

(5) $y''-y = e^x \sin x$ (6) $y''+y = e^x \sin x$

(7) $y''+2y'-3y = e^x \sin x$ (8) $y''-2y'+2y = e^x \sin x$

[5] 次の微分方程式を（ ）内の初期条件のもとに解け．

(1) $y''-4y'+3y = 0$ ($x=0$ で $y=0$, $y'=2$)

(2) $y''+2y'+2y = 0$ ($x=0$ で $y=1$, $y'=1$)

(3) $y''-y = x$ ($x=0$ で $y=1$, $y'=0$)

(4) $y''+y = x$ ($x=0$ で $y=1$, $y'=2$)

変数係数の
2階線形微分方程式

人の性格を「素直だ」とか「変わっている」とかいうように，その係数の性質で微分方程式の特徴をつかむことができる．そのとき，数学の言葉では「解析的である」とか「特異性をもつ」などという．変り者を扱うのに特別の心遣いや気配りがいるように，微分方程式も特異性の種類によってその扱い方を変えなければならない．

4-1 斉次方程式と基本解

$p(x)$, $q(x)$ を与えられた関数として，次の微分方程式を考える．

$$\frac{d^2y}{dx^2}+p(x)\frac{dy}{dx}+q(x)y = 0 \tag{4.1}$$

$p(x)=0$ の場合，すなわち1階微分項のない場合，

$$\frac{d^2y}{dx^2}+q(x)y = 0 \tag{4.2}$$

を (4.1) 式の**標準形**とよぶ．定数係数の場合には，3-1節で示したように，たとえ $p \neq 0$ であっても適当な変換で標準形に書き直すことができた．それと同様に，変数係数の場合でも，(4.1) 式を標準形に書き直すことが可能である．いま，

$$y(x) = a(x)u(x)$$

として (4.1) 式に代入すると，$u(x)$ に対する方程式として

$$au'' + \{2a'+p(x)a\}u' + \{a''+p(x)a'+q(x)a\}u = 0$$

が得られる．ここで，u' の係数が0になるようにして，

$$2a'+p(x)a = 0 \tag{4.3}$$

とおく．これから a を決めると

$$a = \exp\left(-\frac{1}{2}\int^x p(x')dx'\right) \tag{4.4}$$

となる．これを $u(x)$ に対する方程式に入れて

$$u''+\left\{\frac{a''}{a}+p(x)\frac{a'}{a}+q(x)\right\}u = 0$$

を得る．ここで，(4.3) を使うと

$$\frac{a'}{a} = -\frac{1}{2}p, \qquad \frac{a''}{a} = -\frac{1}{2}p'+\frac{1}{4}p^2$$

となるので，

$$u''+Q(x)u = 0 \tag{4.5a}$$

$$Q(x) = q(x) - \frac{1}{4}p(x)^2 - \frac{1}{2}p'(x) \tag{4.5b}$$

という標準形を得る. (4.4)から $u(x)$ は $y(x)$ と

$$y(x) = u(x)\exp\left(-\frac{1}{2}\int^x p(x')dx'\right) \tag{4.5c}$$

で結びつけられている. このように微分方程式を標準形に書きかえておくと, 解の性質を調べるさいに便利なことが多い.

斉次方程式の解の性質 次の基本的な性質はすべて, 方程式が線形であることから導かれる.

（I） $y_1(x)$ が(4.1)式の解であれば, その定数倍をしたもの, すなわち $y(x) = cy_1(x)$ も解である ($c=$ 任意定数).

［証明］ $y'=(cy_1)'=cy_1'$, $y''=(cy_1)''=cy_1''$ を用いれば,
$$y''+py'+qy = c(y_1''+py_1'+qy_1) = 0 \quad \blacksquare$$

（II） $y_1(x)$, $y_2(x)$ がともに(4.1)式の解であれば, その和(差), すなわち $y(x)=y_1\pm y_2$ も解である.

［証明］ $y'=y_1'\pm y_2'$, $y''=y_1''\pm y_2''$ から,
$$\begin{aligned}y''+py'+qy &= y_1''\pm y_2''+p(y_1'\pm y_2')+q(y_1\pm y_2)\\&= [y_1''+py_1'+qy_1]\pm[y_2''+py_2'+qy_2] = 0 \quad \blacksquare\end{aligned}$$

これらを組み合わせると, 次の性質が得られる.

（III） $y_1(x)$, $y_2(x)$ が(4.1)式の解であれば, その1次結合
$$y(x) = c_1y_1(x)+c_2y_2(x)$$
も解である ($c_1, c_2=$ 任意定数).

［証明］ $z_1=c_1y_1$, $z_2=c_2y_2$ とすると, (I)から z_1, z_2 は解である. z_1, z_2 が解であるので, (II)により $y=z_1+z_2$ も解である. $\blacksquare$

基本解 (4.1)式の1つの解が既知であるとき, これに対して独立な解を求めてみよう. この既知の解を $y_1(x)$ とする. いま, 任意の解を $y(x)$ として,

$$y(x) = y_1(x)z(x) \tag{4.6}$$

とおいて解を求めてみよう(**定数変化法**).
$$y' = y_1'z + y_1 z', \qquad y'' = y_1''z + 2y_1'z' + y_1 z''$$
となるので，これを(4.1)式に代入して，
$$(y_1'' + py_1' + qy_1)z + y_1 z'' + (2y_1' + py_1)z' = 0$$
が得られる．$y_1(x)$は(4.1)を満たすので，第1項は消える．ここで，$z' = f$を新しい従属変数とみなせば，
$$y_1 f' + (2y_1' + py_1)f = 0 \tag{4.7}$$
が得られる．(4.7)はfについての線形1階微分方程式であって，微分方程式の見かけの階数を下げることができた(**階数低下**)．

ここでやったように，定数変化法を使って階数低下を行なう方法を**ダランベールの階数低下法**という．この操作は，もっと高階の微分方程式に対しても有力な方法である．

(4.7)は2-3節の処方を使えば容易に解ける．$y_1 \exp\left(\int p \, dx\right)$を両辺にかけると，
$$y_1^2 \exp\left(\int p \, dx\right) f' + \left[y_1^2 \exp\left(\int p \, dx\right)\right]' f = \left[y_1^2 \exp\left(\int p \, dx\right) f\right]' = 0$$
となるので，$y_1^2 \exp\left(\int p \, dx\right) f = b$ (b=積分定数)を得る．これをfについて解くと
$$f = \frac{b}{y_1^2} \exp\left(-\int^x p(x') dx'\right)$$
これをさらに積分すればzを得るので，y_1をかけて(4.1)式の一般解
$$y = a y_1(x) + b y_1(x) \int^x \frac{dx'}{y_1^2(x')} \exp\left(-\int^{x'} p(x'') dx''\right) \tag{4.8}$$
が求められる．この一般解は2つの定数a, bを含む2パラメーターの関数族をつくっている．(4.8)の第2項でbを除いたものをy_2とおく．すなわち，
$$y_2(x) = y_1(x) \int^x \frac{dx'}{y_1^2(x')} \exp\left(-\int^{x'} p(x'') dx''\right) \tag{4.9}$$
とする．もちろん，$y_2(x)$は(4.1)式の解である．なぜならば，(4.9)式は(4.8)

式で $a=0$, $b=1$ としたときの解になっているからである.これらの解 $y_1(x)$, $y_2(x)$ は,$y_2/y_1 \neq$ 定数 であるので,互いに1次独立な関数,すなわち基本解である(例題4.3参照).

一般解の表式(4.8)において,$a=c_1$, $b=c_2$ とすると,

$$y(x) = c_1 y_1(x) + c_2 y_2(x) \tag{4.10}$$

が得られる.すなわち,定数係数方程式の場合と同様に,(4.1)式の一般解は基本解の1次結合として表わすことができる.このことは,方程式が線形であれば,いつでも成り立つ.

例題 4.1 $y'' - \dfrac{3}{x} y' + \dfrac{3}{x^2} y = 0$ において,$y_1 = x$ が解であることを用いて,独立な解 y_2 を求めよ.

[解] $y_1 = x$ が解であることは,代入してみればわかる.(4.9)式で,$p = -3/x$ とおいて,

$$y_2(x) = x \left[\int^x \frac{dx'}{x'^2} \exp\left(3 \int^{x'} \frac{dx''}{x''}\right) + C \right]$$

ここで,$\exp\left(3 \displaystyle\int^{x'} dx''/x''\right) = \exp(3\log x') = x'^3$ を考慮すれば,

$$= x \left[\int^x x' dx' + C \right] = \frac{1}{2} x^3 + Cx$$

C を含む項は y_1 に比例するので,1次独立な解は,$C=0$ として,$y_2(x) = (1/2)x^3$ となる.■

例題4.1はオイラーの方程式とよばれる方程式の1つで,x^m の形の解をもつことが知られている(4-3節を見よ).

「階数低下法」をしっかりと身につけておくことは大切である.そうすれば,上のような問題でもいちいち(4.9)式に頼らずに,

$$\text{独立解} = y_1(x) \times (\text{未知関数})$$

とおいて,方程式に代入するというやり方で答えを求めることができる.

例題 4.2 $y'' + y = 0$ において $y_1 = \cos x$ が解であることを用いて,これに独立な解を求めよ.

[解] $y_2 = \cos x \cdot z(x)$ を代入して，$y_2'' + y_2 = \cos x \cdot z'' - 2\sin x \cdot z' = 0$ となる．全体に $\cos x$ をかけて整理すると，$[\cos^2 x \cdot z']' = 0$ となるので，$z' = C/\cos^2 x$ である (C=任意定数)．これから，

$$y_2(x) = C\cos x \int^x \frac{dx'}{\cos^2 x'} = C\cos x \tan x = C\sin x$$

が求まる．∎

───────────────────── 問題 4-1 ─────────────────────

1. 次の微分方程式について（ ）内の関数が解であることを確かめて，これに独立な解を求めよ．

(1) $xy'' + y' = 0 \quad (y_1 = 1)$ 　　(2) $xy'' - y' = 0 \quad (y_1 = 1)$

(3) $x^2 y'' - xy' + y = 0 \quad (y_1 = x)$ 　　(4) $x^2 y'' + xy' - y = 0 \quad (y_1 = x)$

(5) $xy'' + 2y' + xy = 0 \quad \left(y_1 = \dfrac{\cos x}{x}\right)$

(6) $xy'' - (1+x)y' + y = 0 \quad (y_1 = 1 + x)$

───

4-2 ロンスキアン

ロンスキアン 関数 $f(x)$ と $g(x)$ に対して，

$$W(f, g) = \begin{vmatrix} f & g \\ f' & g' \end{vmatrix} = f\frac{dg}{dx} - \frac{df}{dx}g \tag{4.11}$$

を f, g に関する**ロンスキアン**，または**ロンスキー行列式**という．行列式の性質から，次は明らかである．ただし，f, g, h は x の関数とする．

(Ⅰ)　$W(f, f) = 0$ 　　　　　　　　　　　　　　　(4.12a)

(Ⅱ)　$W(f, g) = -W(g, f)$ 　　　　　　　　　　　(4.12b)

(Ⅲ)　$W(f, g \pm h) = W(f, g) \pm W(f, h)$ 　　　　　(4.12c)

(Ⅳ)　$W(f, Cg) = CW(f, g) \quad (C = \text{定数})$ 　　　(4.12d)

(Ⅴ)　$W(f, gh) = hW(f, g) + fgh' = gW(f, h) + fg'h$ 　(4.12e)

これらの性質から次のことがいえる.

(VI) 関数 f と g が 1 次従属であれば，$W(f, g) = 0$ である.

[証明] 1 次従属であれば $f = Cg$ であるから，$W(f, g) = W(Cg, g) = CW(g, g) = 0$ が得られる. ∎

(VII) もし，$W(f, g) \neq 0$ であれば，f と g は 1 次独立である.

[証明] いま，f と g の 1 次結合をとって，
$$c_1 f(x) + c_2 g(x) = 0 \quad (c_1, c_2 = 定数)$$
とする(恒等式と考える). x で微分して，
$$c_1 f'(x) + c_2 g'(x) = 0$$
これを c_1, c_2 の連立方程式とみなすと，$W(f, g) \neq 0$ であるので，解は $c_1 = c_2 = 0$ となる. すなわち，f と g とは 1 次独立である. ∎

[例 1] ロンスキアンの例を挙げておく.
(1) $W(e^{px}, e^{qx}) = [e^{px}(qe^{qx}) - (pe^{px})e^{qx}]$
$= (q-p)e^{(p+q)x}$ ($p \neq q$ のとき 1 次独立)
(2) $W(e^{px}, xe^{qx}) = [e^{px}\{(qx+1)e^{qx}\} - (pe^{px})xe^{qx}]$
$= [(q-p)x+1]e^{(p+q)x}$ (つねに 1 次独立) ∎

例題 4.3 (4.9)式で与えられる $y_2(x)$ が $y_1(x)$ と 1 次独立であることを示せ.

[解] (4.9)を用いて，ロンスキアンを計算する.
$$W(y_1, y_2) = y_1 y_2' - y_2 y_1' = \exp\left[-\int p(x)dx\right]$$
となる. $\exp[\cdots] \neq 0$ から，$W(y_1, y_2) \neq 0$ となる. すなわち，性質(VII)から y_1, y_2 は 1 次独立であることがいえる. ∎

基本解とロンスキアン (4.1)式の任意の 2 つの解 $y_1(x), y_2(x)$ のロンスキアンに関して次の事柄が成り立つ.

(I) $\quad W(y_1, y_2) = w \exp\left[-\int p(x)dx\right] \quad (w = 定数) \quad (4.13)$

[証明] 行列式の微分は行ごとに行なって加えればよいから，

$$\frac{dW}{dx} = \frac{d}{dx}\begin{vmatrix} y_1 & y_2 \\ y_1' & y_2' \end{vmatrix} = \begin{vmatrix} y_1' & y_2' \\ y_1' & y_2' \end{vmatrix} + \begin{vmatrix} y_1 & y_2 \\ y_1'' & y_2'' \end{vmatrix}$$

第1項は恒等的に0である．第2項に(4.1)を使って，

$$= \begin{vmatrix} y_1 & y_2 \\ -py_1'-qy_1 & -py_2'-qy_2 \end{vmatrix}$$

$$= -p\begin{vmatrix} y_1 & y_2 \\ y_1' & y_2' \end{vmatrix} - q\begin{vmatrix} y_1 & y_2 \\ y_1 & y_2 \end{vmatrix} = -p(x)W$$

となって，$W' = -p(x)W$．これを解いて(4.13)を得る．|

(II) 恒等的に $W(y_1, y_2) = 0$ が成立するか，または $W(y_1, y_2) \neq 0$ であるかのいずれかである．

[証明] (4.13)で指数関数の部分は決して0にならない．すなわち，ロンスキアンは w に応じて0か，0でないかのいずれかである．|

斉次解の一意性 次の定理は(4.1)式の解の一意性を保証する．

(I) $x = x_0$ において初期値 $y(x_0), y'(x_0)$ を与えると，(4.1)式の解はただ1つに決められる．

[証明] (4.10)にしたがって，一般解 $y(x)$ を基本解の1次結合で表わして，$y(x) = ay_1(x) + by_2(x)$ と書く．$x = x_0$ とおいて

$$ay_1(x_0) + by_2(x_0) = y(x_0)$$

一方，微分して $x = x_0$ とおいたものから

$$ay_1'(x_0) + by_2'(x_0) = y'(x_0)$$

これらは，係数 a, b に関する連立方程式とみることができる．解は

$$a = \frac{W(y(x_0), y_2(x_0))}{W(y_1(x_0), y_2(x_0))}, \quad b = \frac{W(y_1(x_0), y(x_0))}{W(y_1(x_0), y_2(x_0))}$$

となる．例題4.3から，(4.10)の y_1, y_2 に対しては $W(y_1, y_2) \neq 0$ となって，a, b は一意に求められて，初期値解はただ1つに決まる．|

一意性の定理は次のようにいうこともできる．

(II) $x = x_0$ において $y(x_0) = y'(x_0) = 0$ を満足する(4.1)の解は $y(x) = 0$ である．

[証明] 解を(4.10)で表わして，初期条件を入れると，
$$ay_1(x_0)+by_2(x_0)=0$$
$$ay_1'(x_0)+by_2'(x_0)=0$$
となる．$W(y_1,y_2) \neq 0$ であるから，$a=b=0$ となって $y(x)=0$. ∎

上の(I), (II)が同等であることは，一方から他方を導くことによって示すことができる．$x=x_0$ で任意の初期条件を満たす解が2つ存在したとして，それらを $f(x), g(x)$ とする．その差 $y=f-g$ は，定理(II)から $y=0$ である．すなわち，$f=g$ となって，(I)が導かれる．(逆は，各自試みよ．)

独立解とロンスキアン 一意性の定理から次が導かれる．

<u>$y_1(x)$ と $y_2(x)$ とが(4.1)式の1次従属な解であるための必要十分条件は $W(y_1,y_2)=0$ である．また，$W(y_1,y_2) \neq 0$ は1次独立であるための必要十分条件である</u>．

[証明] $W(y_1,y_2)=0$ が y_1, y_2 が1次従属であるための必要条件であることは，すでにロンスキアンの性質(VI)で示した．十分条件であることは，次のようにして示す．$x=x_0$ で $W(y_1,y_2)=0$ であれば，
$$\begin{vmatrix} y_1(x_0) & y_2(x_0) \\ y_1'(x_0) & y_2'(x_0) \end{vmatrix} = 0$$
となる．したがって，すべては0にならない c_1, c_2 を適当に選んで
$$c_1 y_1(x_0)+c_2 y_2(x_0)=0$$
$$c_1 y_1'(x_0)+c_2 y_2'(x_0)=0$$
とすることができる．この c_1, c_2 を係数に用いて y_1, y_2 の1次結合をつくって，$y(x)=c_1 y_1(x)+c_2 y_2(x)$ とする．$y(x)$ は(4.1)の解であって，しかも $y(x_0)=c_1 y_1(x_0)+c_2 y_2(x_0)=0$, $y'(x_0)=c_1 y_1'(x_0)+c_2 y_2'(x_0)=0$ となるので，一意性の定理(II)から $y(x)=0$ を得る．すなわち，共に0でない c_1, c_2 に対して，$c_1 y_1(x)+c_2 y_2(x)=0$ が恒等的に成立する．したがって，y_1, y_2 は1次従属な解であることがわかる．これから，$W(y_1,y_2)=0$ が y_1, y_2 が1次従属であるための必要十分条件であることが示された．このことから，y_1, y_2 が1次独立であるための必要十分条件は $W(y_1,y_2) \neq 0$ であることがいえる．∎

非斉次方程式の解の一意性　非斉次方程式

$$\frac{d^2y}{dx^2}+p(x)\frac{dy}{dx}+q(x)y = r(x) \tag{4.14}$$

の任意の解を $y(x)$, 特解を $Y(x)$ とすると，それぞれ

$$y''+py'+qy = r, \qquad Y''+pY'+qY = r$$

を満たしている．この 2 式の両辺を引き算すれば，

$$(y-Y)''+p(y-Y)'+q(y-Y) = 0$$

が得られて，$y-Y$ は斉次方程式 (4.1) を満足することがわかる．この斉次方程式の解を $h(x)$ とすると，$y(x)-Y(x)=h(x)$，したがって

$$y(x) = Y(x)+h(x)$$

が成立する．すなわち，非斉次方程式の一般解は斉次方程式の一般解に非斉次方程式の特解を加えたもので与えられる．このことは，非斉次方程式の任意の解と特解との差は斉次方程式の一般解であること，いいかえると非斉次方程式の解はたかだか斉次解の任意性しかもたないことを意味している．この斉次解の任意性は初期条件を考慮すればなくなるので（一意性の定理），非斉次方程式の初期値解の一意性も保証される．

非斉次方程式の解法　変数係数の場合でも，定数係数の場合と同じ形の公式が成立する．すなわち，(3.56)〜(3.65) にならって斉次方程式 (4.1) の基本解を y_1, y_2 として，(4.14) の特解 $Y(x)$ を，

$$Y(x) = y_2(x)\int^x y_1(x')R(x')dx' - y_1(x)\int^x y_2(x')R(x')dx' \tag{4.15}$$

の形におく．そして (4.15) 式が (4.14) 式を満足するように $R(x)$ を決める．2 回続けて微分して，

$$Y' = y_2'(x)\int^x y_1(x')R(x')dx' - y_1'(x)\int^x y_2(x')R(x')dx'$$

$$Y'' = y_2''(x)\int^x y_1(x')R(x')dx'$$

$$\qquad - y_1''(x)\int^x y_2(x')R(x')dx' + W(y_1(x), y_2(x))R(x)$$

を得る. ここで, $W(y_1(x), y_2(x))$ は y_1, y_2 のロンスキアンである. これを (4.14)式に入れて, y_1, y_2 が(4.1)式を満たすことを用いれば,

$$Y'' + p(x)Y' + q(x)Y = W(y_1(x), y_2(x))R(x) \tag{4.16}$$

となる. これを(4.14)式とくらべて, 右辺$=r(x)$ という条件から,

$$R(x) = \frac{r(x)}{W(y_1(x), y_2(x))}$$

を得る. これを(4.15)式に代入して, 非斉次方程式の特解を得る. まとめると, (4.14)式の一般解は, $y_1(x), y_2(x)$ を(4.1)式の基本解とすると, 次の公式で与えられる.

$$y(x) = c_1 y_1(x) + c_2 y_2(x) + Y(x) \tag{4.17a}$$

$$Y(x) = \int^x G(x, x') r(x') dx' \tag{4.17b}$$

$$G(x, x') = \frac{y_2(x) y_1(x') - y_1(x) y_2(x')}{W(y_1(x'), y_2(x'))} \tag{4.17c}$$

この表式にロンスキアンの具体的な表現(4.13)を使えば, 定数係数の場合の公式(91ページ)と同じ形の公式が得られる.

例題 4.4 $y'' - \dfrac{3}{x} y' + \dfrac{3}{x^2} y = x^2$ の特解を求めよ.

[解] 斉次方程式の基本解は例題 4.1 で与えられたように, $y_1 = x$, $y_2 = x^3/2$ である. これから,

$$W(y_1, y_2) = W\left(x, \frac{x^3}{2}\right) = \left[x \frac{3x^2}{2} - 1 \frac{x^3}{2}\right] = x^3$$

$$G(x, x') = \frac{1}{x'^3}\left(\frac{x^3}{2} x' - x \frac{x'^3}{2}\right) = \frac{1}{2}\left(\frac{x^3}{x'^2} - x\right)$$

これを(4.17b)に入れて $r(x') = x'^2$ とすると, 特解は

$$Y(x) = \frac{1}{2} \int^x \left(\frac{x^3}{x'^2} - x\right) x'^2 dx' = \frac{1}{3} x^4 \quad \blacksquare$$

公式(4.17)の結果よりも, むしろその導き方を憶えるべきである. すなわち, 特解を(3.56)や(4.15)の形において, 未知関数を決めてゆく道筋に慣れておくべきである.

例題 4.5 $x^2y''-2y=x^2$ の特解を求めよ．ただし，斉次方程式の基本解 $y_1=1/x$, $y_2=x^2$ は既知とする．

[解] 特解 $Y(x)$ を (4.15) の形において，

$$Y(x) = \int^x \left(\frac{x^2}{x'} - \frac{x'^2}{x}\right) R(x')dx'$$

とする．これを微分して，

$$Y' = \int^x \left(\frac{2x}{x'} + \frac{x'^2}{x^2}\right) R(x')dx'$$

$$Y'' = \int^x \left(\frac{2}{x'} - \frac{2x'^2}{x^3}\right) R(x')dx' + 3R(x)$$

となるので，$x^2Y''-2Y=3x^2R(x)$ を得る．方程式と比べて $R=1/3$ が求まる．したがって，

$$Y(x) = \frac{x^2}{3} \int \frac{dx'}{x'} - \frac{1}{3x} \int x'^2 dx' = \frac{x^2}{3} \log x - \frac{x^2}{9}$$

を得る．第2項は斉次方程式の基本解に比例しているから特解から省くことができる．そこで，$Y(x)=(x^2/3)\log x$. ∎

━━━━━━━━━━━━ 問 題 4-2 ━━━━━━━━━━━━

1. 次の非斉次方程式の一般解を求めよ．( ) 内は斉次解を表わす．

 (1) $xy''-y'=2x$ $(1, x^2)$

 (2) $y'' - \dfrac{3}{x}y' + \dfrac{3}{x^2}y = x^2e^x$ (x, x^3)

 (3) $x^2y''-2y=x^2$ $\left(x^2, \dfrac{1}{x}\right)$

 (4) $y'' + \dfrac{1}{x}y' - \dfrac{1}{x^2}y = 2x^3+4x$ $\left(x, \dfrac{1}{x}\right)$

2. 線形の2階微分方程式 (4.1) が基本解 $f(x), g(x)$ をもつとき，

$$p(x) = -\frac{d}{dx} \log W(f, g), \quad q(x) = \frac{W(f', g')}{W(f, g)}$$

で与えられることを示せ (微分方程式における解と係数の関係)．

4-3 特別な型の微分方程式

オイラーの微分方程式　p, q を与えられた定数，$r(x)$ を与えられた関数とするとき，次の形の線形方程式を**オイラー（Euler）の微分方程式**という．

$$x^2 \frac{d^2 y}{dx^2} + px \frac{dy}{dx} + qy = r(x) \tag{4.18}$$

このタイプの方程式は，対応する斉次方程式

$$x^2 \frac{d^2 y}{dx^2} + px \frac{dy}{dx} + qy = 0 \tag{4.19}$$

の解を知っていれば解くことができる．いま，独立変数を

$$x = e^t, \quad t = \log x, \quad \frac{dt}{dx} = \frac{1}{x} \tag{4.20}$$

によって，x から t に変換すると，(4.19)は定数係数の方程式に書きかえられることを示そう．(4.20)を用いて，y の x 微分を t 微分に書き直しておく．

$$x \frac{dy}{dx} = x \frac{dy}{dt} \frac{dt}{dx} = \frac{dy}{dt}$$

$$x^2 \frac{d^2 y}{dx^2} = x^2 \frac{d}{dx} \left(\frac{1}{x} \frac{dy}{dt} \right) = \frac{d^2 y}{dt^2} - \frac{dy}{dt}$$

となるので，これらを(4.18), (4.19)に入れて，

$$\frac{d^2 y}{dt^2} + (p-1) \frac{dy}{dt} + qy = r(e^t) \tag{4.21a}$$

$$\frac{d^2 y}{dt^2} + (p-1) \frac{dy}{dt} + qy = 0 \tag{4.21b}$$

を得る．(4.21b)に $y = e^{kt}$ を代入して解く（3-2節参照）．指数 k は特性方程式

$$k^2 + (p-1)k + q = 0 \tag{4.22}$$

から決まる．第3章で示したと同様に，3つの場合に分けて調べる．

（Ⅰ）　$(p-1)^2 > 4q$ のとき．特性方程式(4.22)は2実数解をもつ．それらを m, n とすると，

$$m, n = \frac{1}{2} (1 - p \pm \sqrt{(p-1)^2 - 4q}) \tag{4.23}$$

となるので，斉次方程式の一般解は(3.35)から
$$y = ae^{mt}+be^{nt} = a(e^t)^m+b(e^t)^n = ax^m+bx^n \tag{4.24}$$

(II) $(p-1)^2=4q$ のとき，(4.22)は2重解 $k=(1-p)/2$ をもつ．このとき一般解は(3.36)から
$$y = (a+bt)e^{(1-p)t/2} = (a+b\log x)x^{(1-p)/2} \tag{4.25}$$

(III) $(p-1)^2<4q$ のとき，(4.22)は実数解をもたない．k の実数部と虚数部を，それぞれ $R, \pm I$ とすると
$$R = \frac{1}{2}(1-p), \quad I = \frac{1}{2}\sqrt{4q-(p-1)^2} \tag{4.26}$$

となる．この一般解は
$$y = (ce^{iIt}+de^{-iIt})e^{Rt} = [a\cos(It)+b\sin(It)]e^{Rt}$$

となる．ここで，$a=c+d$, $b=i(c-d)$ とした．(4.20)を使って
$$y = [a\cos(I\log x)+b\sin(I\log x)]x^R \tag{4.27}$$

例題 4.6 $x^2y''-xy'-3y=0$ の一般解を求めよ．

[解] (4.20)の変数変換を行なうと，
$$\frac{d^2y}{dt^2}-2\frac{dy}{dt}-3y = 0$$

となる．指数関数解 $y=e^{kt}$ に対する特性方程式は $k^2-2k-3=0$ であるので，$k=3, -1$ を得る．一般解は
$$y = ae^{3t}+be^{-t} = a(e^t)^3+b(e^t)^{-1} = ax^3+bx^{-1} = ax^3+\frac{b}{x} \quad |$$

例題 4.7 $x^2y''-4xy'+6y=2x$ の一般解を求めよ．

[解] 変換(4.20)により，方程式は
$$\frac{d^2y}{dt^2}-5\frac{dy}{dt}+6y = 2e^t$$

となる．斉次解の特性方程式は $k^2-5k+6=0$ となって，$k=2,3$ を得る．すなわち，基本解は e^{2t}, e^{3t} である．非斉次方程式の特解は代入法により $Y=Ae^t$ を方程式に入れて，$A=1$ を得る．これから一般解は
$$y = ae^{2t}+be^{3t}+e^t = ax^2+bx^3+x \quad |$$

4-3 特別な型の微分方程式

例題 4.8 $x^2y''-xy'+y=0$ の一般解を求めよ.

[解] 変換 (4.20) から, 特性方程式は $k^2-2k+1=(k-1)^2=0$ となって, 2重解 $k=1$ を得る. (4.25) から, 一般解は
$$y=(a+b\log x)x \quad |$$

例題 4.9 $x^2y''-xy'+5y=0$ の一般解を求めよ.

[解] 変換 (4.20) を行なうと, 特性方程式は $k^2-2k+5=0$ となるので, 互いに共役複素な指数 $k=1\pm 2i$ が得られる. (4.26), (4.27) と比べると, $R=1$, $I=2$ となって, 一般解は
$$y=[a\cos(\log x^2)+b\sin(\log x^2)]x \quad |$$

オイラー型では, 基本解が $e^{kt}=x^k$ の形になるので, 最初から $y=x^k$ として解を求めたほうが簡単である. これを (4.19) 式に代入すれば, $k(k-1)+pk+q=k^2+(p-1)k+q=0$ となって, (4.22) 式が直接求められる. これから, ただちに (4.23)〜(4.27) を得る.

例題 4.10 $x^2y''-2y=0$ の一般解を求めよ.

[解] $y=x^k$ とおけば, 特性方程式は $k^2-k-2=0$ となる. すなわち, $k=2,-1$ を得て, 一般解は $y=ax^2+b/x$. |

例題 4.11 $xy''-2y'=0$ の一般解を求めよ.

[解] 両辺に x をかけると, オイラー型である. そこで $y=x^k$ とおけば, 特性方程式は $k(k-3)=0$. 指数は $k=3,0$ となって, 一般解として $y=ax^3+bx^0=ax^3+b$ を得る. |

もし複素指数のベキが現われれば,
$$x^{R+iI}=x^R x^{iI}=x^R e^{iI\log x}$$
$$=x^R[\cos(I\log x)+i\sin(I\log x)] \quad (4.28)$$
を用いればよい.

x^k のようなベキ型の解については, 負の x に対して特別な注意が必要である. $x<0$ の場合には, 最初から (4.19) で $x=-s$ とおいて
$$s^2\frac{d^2y}{ds^2}+ps\frac{dy}{ds}+qy=0 \quad (4.19')$$

として $s>0$ の範囲で考えることにする．(4.19′) と (4.19) はまったく同じ形をしているので，その解も同じベキで表わされる．したがって，$x<0$ でも成立する解として，$y=|x|^k$ を得る．

オイラー型の方程式 (4.19) は，
$$F(y, xy', x^2y'') = 0 \tag{4.29}$$
の特別な場合と考えることができる．この一般的な場合も (4.20) を使えば，簡単になる場合が多い．すなわち，(4.29) は
$$F\left(y, \frac{dy}{dt}, \frac{d^2y}{dt^2} - \frac{dy}{dt}\right) = 0 \tag{4.30}$$
となる．これは独立変数をあらわに含まないので，次の例題のように，たとえ線形でなくても解ける場合がある．

例題 4.12 $x^2yy'' + x^2y'^2 - xyy' = 0$ を解け．

[解] 変換 (4.20) を用いて $x=e^t$ とすると，$y(d^2y/dt^2 - dy/dt) + (dy/dt)^2 - y\,dy/dt = 0$ となる．これを整理すれば，
$$\frac{d}{dt}\left(y\frac{dy}{dt}\right) - 2y\frac{dy}{dt} = \frac{d}{dt}\left[\frac{d}{dt}\left(\frac{y^2}{2}\right) - y^2\right] = 0$$
となる．あらためて $y^2/2 = z$ とおけば，
$$\frac{d}{dt}\left(\frac{dz}{dt} - 2z\right) = 0, \quad \text{すなわち} \quad \frac{dz}{dt} - 2z = b \quad (b=\text{積分定数})$$
を得る．これは1階の線形微分方程式であるから 2-3 節の手法で解くことができて，$z = Ae^{2t} - b/2$ となる（A=積分定数）．x, y で表わせば，$y^2 = 2Ae^{2t} - b = 2Ax^2 - b$ が得られる．ここで，$A=a/2$ とすれば，
$$ax^2 - y^2 = b$$
となる（2次曲線）．a, b の符号によって次の 3 つの場合に分けられる（図 4-1）．

(1) $a>0$ のとき．b の正負にかかわらず，解曲線は双曲線になる（漸近線：$y=\pm\sqrt{a}\,x$）．$b=0$ のときは 2 直線 $y=\pm\sqrt{a}\,x$ が解となる．

(2) $a<0$ のとき．解曲線は $y^2 + |a|x^2 = -b$（楕円）となる（$b \leqq 0$）．

(3) $a=0$ のとき．定数解 $y=\pm\sqrt{|b|}$ が得られる（$b \leqq 0$）． ∎

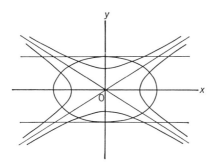

図 4-1 $x^2yy''+x^2y'^2-xyy'=0$ の解曲線： $ax^2-y^2=b$
(1) $a>0$, $b>0$：左右の双曲線，(2) $a>0$, $b<0$：上下の双曲線，
(3) $a>0$, $b=0$：2直線 ($y=\pm\sqrt{a}\,x$)，(4) $a<0$, $b\leqq 0$：楕円，
(5) $a=0$, $b\leqq 0$：2直線 ($y=\pm\sqrt{|b|}$)，(6) $a\leqq 0$, $b>0$：解なし

リッカチ方程式　リッカチ方程式(2-3節参照)

$$\frac{dy}{dx}+p(x)y^2+q(x)y+r(x)=0 \tag{4.31}$$

において,

$$y=Q(x)\frac{u'(x)}{u(x)} \tag{4.32}$$

とおく．これを微分すれば，

$$\frac{dy}{dx}=Q\left(\frac{u''}{u}-\frac{u'^2}{u^2}\right)+Q'\frac{u'}{u}$$

となる．これを(4.31)式に入れて，

$$Q\frac{u''}{u}+(pQ-1)Q\frac{u'^2}{u^2}+(Q'+Qq)\frac{u'}{u}+r=0$$

となる．ここで，$Q(x)=1/p(x)$ とおくと第2項が消えて，

$$u''+\left(q-\frac{p'}{p}\right)u'+pru=0 \tag{4.33}$$

が得られる．すなわち，非線形のリッカチ方程式が2階の線形方程式に帰着された．

例題 4.13　リッカチ方程式 $x^2(y'+y^2)+xy-1=0$ を解け．

[解] $y=Qu'/u$ とおいてみる. $y'=Q[u''/u-(u'/u)^2]+Q'u'/u$ であるので,

$$Qx^2\frac{u''}{u}+Qx^2(Q-1)\frac{u'^2}{u^2}+(Q'x^2+Qx)\frac{u'}{u}-1=0$$

u'^2/u^2 の項を消すために, $Q(x)=1$ とおく. 方程式は簡単になって,

$$x^2u''+xu'-u=0$$

を得る. これはオイラー型であるので, $u=x^k$ とおけば, 特性方程式は $k^2-1=0$ となって, $u=ax+b/x$ が得られる. すなわち, 解は

$$y=Q\frac{u'}{u}=\frac{1}{x}\frac{ax^2-b}{ax^2+b} \quad \blacksquare$$

標準形に直して解ける例 とくに特別な処方とはいえないが, 標準形に直すとうまく解ける場合がある. この処方は2通りあって, 従属変数を変換して標準形に直して解く場合と, 独立変数を変換する場合に分けられる. 以下, 例で説明する.

(I) **従属変数の変換**. 標準形に直すには(4.5)式を使う. 例えば,

$$y''+2xy'+x^2y=0 \tag{4.34}$$

を考える.

$$y=\exp\left(-\int x\,dx\right)u(x)=u(x)e^{-x^2/2}$$

とおいて(4.34)に入れると, (4.5)の形の標準形

$$u''-u=0 \tag{4.35}$$

を得る. これを解いて, $u=ce^x+de^{-x}$ ($c,d=$任意定数) を入れると

$$y=ae^{-(x-1)^2/2}+be^{-(x+1)^2/2}$$

を得る. ただし, $a=e^{1/2}c$, $b=e^{1/2}d$ とした.

例題 4.14 $y''-2xy'+x^2y=0$ を解け.

[解] これは, (4.34)式で第2項の符号が異なっているだけであるので, $y=v(x)e^{x^2/2}$ とおく. (4.35)に相当して, $v''+v=0$ を得るので, これを解いて y に直すと, 一般解が得られる. すなわち,

$$y=(a\cos x+b\sin x)e^{x^2/2} \quad \blacksquare$$

(II) **独立変数の変換**. (4.1)式で独立変数を x から t に変える.

を用いると，

$$t'^2 \frac{d^2y}{dt^2} + (t'' + p(x)t')\frac{dy}{dt} + q(x)y = 0$$

となるので，

$$t'' + p(x)t' = 0, \quad t' = \exp\left(-\int p\,dx\right) \tag{4.36}$$

を満足するように，$t(x)$ を決めれば，1階微分の項が消えて，

$$\frac{d^2y}{dt^2} + q(x)\exp\left(2\int p\,dx\right)y = 0 \tag{4.37}$$

が得られる．したがって，(4.1)式は標準形(4.37)に帰着できる．

例題 4.15 $y'' - (\cot x)y' + (\sin^2 x)y = 0$ を解け．

[解] 変数を $x \to t$ と変える．(4.36)を満たすように t を決めると，

$$t' = \exp\left(\int \cot x\,dx\right) = \sin x, \quad t = \int \sin x\,dx = -\cos x$$

となる．その結果，(4.37)から，標準形 $d^2y/dt^2 + y = 0$ を得る．一般解は

$$y = a\sin t + b\cos t = -a\sin(\cos x) + b\cos(\cos x) \quad \blacksquare$$

(4.36)では積分定数は省かれているが，これはたとえ残しておいても最終的な結果に影響しない．たとえば，例題 4.15 で積分定数を考慮に入れると，

$$t' = T\sin x, \quad t = -T(\cos x + C_0), \quad \frac{d^2y}{dt^2} + \frac{y}{T^2} = 0$$

となる．一般解は

$$y = a'\sin\left(\frac{t}{T}\right) + b'\cos\left(\frac{t}{T}\right)$$
$$= -a'\sin(\cos x + C_0) + b'\cos(\cos x + C_0)$$

となるので，任意定数 a', b' を

$$a = -a'\cos C_0 - b'\sin C_0, \quad b = -a'\sin C_0 + b'\cos C_0$$

と置きかえれば，上と同じ答えを得る．

120 —— **4** 変数係数の2階線形微分方程式

──────────────── 問 題 4-3 ────────────────

1. 次の方程式の一般解を求めよ.
   (1) $x^2y'' - xy' + y = 0$
   (2) $x^2y'' - 3xy' + 3y = 0$
   (3) $x^2y'' - 4xy' + 6y = 0$
   (4) $x^2y'' - (2m-1)xy' + m^2y = 0$

2. 次の方程式の一般解を求めよ.
   (1) $yy'' + y'^2 = -1$
   (2) $(1-y)y'' + 2y'^2 = 0$

3. 次を標準形に直して解を求めよ.
   (1) $xy'' + 2y' + xy = 0$
   (2) $y'' - 2xy' + (x^2 - 2)y = 0$
   (3) $x^6y'' + 3x^5y' + 4y = 0$
   (4) $(x^2-1)y'' + xy' + y = 0$

───────────────────────────────

4-4 整級数展開

これまでの説明では，微分方程式を初等的な積分法で解くことに重点をおいてきた．すなわち，解が代数的多項式や指数関数，三角関数などで表わされるような場合にかぎって考えてきた．しかし，実際にあつかう問題では，既知の関数で解を具体的に書き下せない場合のほうが多い．それでは，このような場合に，解の性質を知ることは不可能なのであろうか．微分方程式の性質を明らかにすることはできないのだろうか．それを調べるには，もっと一般的な視点から微分方程式を眺めなくてはいけない．その立場が級数解である．

わかりやすい例として，次の定数係数方程式を取り上げる．

$$\frac{d^2y}{dx^2} - 3\frac{dy}{dx} + 2y = 0 \tag{4.38}$$

これが指数関数解をもつことは知らないものとして，$x=0$ の近傍における解を性質を調べる．そのためには，y を x のベキ級数で展開するのが自然であろう．すなわち，

$$y = \sum_{n=0}^{\infty} c_n x^n \tag{4.39}$$

とする．この級数を具体的に書き下せば，
$$y = c_0 + c_1 x + c_2 x^2 + \cdots + c_j x^j + \cdots$$
である．この各ベキの係数 $c_0, c_1, \cdots$ を知ることができれば，$x=0$ の近傍で解がどのように振る舞うかがわかる．

(4.39)式を項別に微分をすれば
$$y' = \sum_{n=1}^{\infty} n c_n x^{n-1} = \sum_{n=0}^{\infty} (n+1) c_{n+1} x^n$$
$$y'' = \sum_{n=2}^{\infty} n(n-1) c_n x^{n-2} = \sum_{n=0}^{\infty} (n+2)(n+1) c_{n+2} x^n$$
であるから，(4.38)に入れて x のベキの等しい項を比較して
$$(n+2)(n+1)c_{n+2} - 3(n+1)c_{n+1} + 2c_n = 0 \qquad (4.40)$$
が得られる $(n=0,1,2,\cdots)$．この式で n の値を順番に $n=0, n=1, \cdots$ とおいてゆくと，
$$2c_2 - 3c_1 + 2c_0 = 0, \quad 6c_3 - 6c_2 + 2c_1 = 0, \quad \cdots$$
を得るので，最初に c_0, c_1 を与えれば，$c_2, c_3, \cdots$ を次つぎに決めることができる．(4.40)のように，数列 c_n を順々に決定する方程式を**漸化式**とよぶ．

係数 c_n の一般形を求めておこう．(4.40)をすこし変形して
$$(n+1)[(n+2)c_{n+2} - 2c_{n+1}] - [(n+1)c_{n+1} - 2c_n] = 0 \qquad (4.41)$$
と書きかえてみる．ここで，
$$(n+1)c_{n+1} - 2c_n = d_n \qquad (4.42)$$
によって $d_n (n=0,1,\cdots)$ を新たに導入すると，(4.41)は
$$(n+1)d_{n+1} - d_n = 0 \qquad (4.43)$$
となる．これは d_n を決める漸化式である．この漸化式は繰り返し法によって容易に解ける．すなわち，
$$d_n = \frac{1}{n} d_{n-1} = \frac{1}{n} \frac{1}{n-1} d_{n-2} = \cdots$$
$$= \frac{1}{n(n-1)(n-2)\cdots 3\cdot 2\cdot 1} d_0 = \frac{1}{n!} d_0$$
これを(4.42)式に入れて

を得る．この両辺に $n!$ をかけると，
$$(n+1)!c_{n+1} - 2(n!c_n) = d_0$$
となる．ここで，$n!c_n = f_n$ とおくと，漸化式から $n!$ を追い出すことができて
$$f_{n+1} - 2f_n = d_0$$
という簡単な形を得る．両辺に $d_0 + 2f_n$ を加えて整理すると，
$$f_{n+1} + d_0 = 2(f_n + d_0)$$
となる．ここで，繰り返し法を使う．$n+1$ を改めて n として
$$f_n + d_0 = 2(f_{n-1} + d_0) = 2^2(f_{n-2} + d_0) = \cdots$$
$$= 2^n(f_0 + d_0)$$
すなわち，
$$f_n = 2^n(f_0 + d_0) - d_0$$
という答えを得る．f_n から c_n に書きかえると，漸化式(4.40)の解として
$$c_n = a\frac{2^n}{n!} + b\frac{1}{n!} \tag{4.44}$$
が求まった．ここで，$f_0 + d_0 = a$, $d_0 = -b$ とおいた．

(4.44)を(4.39)に入れると，級数解は
$$y = a\sum_{n=0}^{\infty}\frac{1}{n!}(2x)^n + b\sum_{n=0}^{\infty}\frac{1}{n!}x^n \tag{4.45}$$
と表わされる．この結果と指数関数の展開式 $e^z = \sum_{n=0}^{\infty} z^n/n!$ を比べて，(4.45)の無限級数解は
$$y = ae^{2x} + be^x \tag{4.46}$$
とまとめられる．この結果は，指数関数解を仮定して特性方程式を解いて求めた答えと一致している（例題3.12を参照せよ）．

このようにして，x の整数ベキによる級数展開で正しい解が求められた．この級数を**整級数**(power series)という．上の場合に整級数展開で解が求められたのは，ベキ級数の係数を決める漸化式(4.40)が，整数の $n(\geqq 0)$ に対して矛盾なく解けたからである．一般に，このようにして求められた級数解を**形式解**

(formal solution)という．形式解が微分方程式の解として意味をもつのは，級数が収束する場合である．このとき，形式解は**解析的**(analytic)であるという．いまの例では，求められた級数解は指数関数にまとめることができたが，このように級数解が既知の関数にまとめられるのはまれな場合であって，つねにこのようなことを期待するわけにはいかない．

級数解(4.39)が$|x|<\rho$の範囲で収束するとき，ρの最大値ρ_mを収束半径という．級数解が意味をもつのは，xが収束半径の範囲内にあるときである．一般に，(4.39)の収束半径は

$$\rho_m = \lim_{n \to \infty} \frac{|c_n|}{|c_{n+1}|} \tag{4.47}$$

で与えられる．上の例のように，解が指数関数の形で与えられるときには，$|c_n| \sim k^n/n!$ (k=定数)であるから，$\rho_m \to \infty$となって，級数解はxの全域で意味をもつことになる．

$x=x_0$における解析解 一般に，微分方程式

$$\frac{d^2y}{dx^2} + p(x)\frac{dy}{dx} + q(x)y = 0 \tag{4.48}$$

において，係数$p(x), q(x)$が$x=x_0$で解析的であるとき，いいかえると，$p(x), q(x)$が整級数

$$p(x) = \sum_{n=0}^{\infty} p_n(x-x_0)^n, \quad q(x) = \sum_{n=0}^{\infty} q_n(x-x_0)^n \tag{4.49}$$

に展開できるとき，(4.48)式は$x=x_0$において

$$y(x) = \sum_{n=0}^{\infty} c_n(x-x_0)^n \tag{4.50}$$

の形式の解析的な解をもつ．また，係数$p(x), q(x)$が(4.49)式のように展開できる点$x=x_0$を微分方程式(4.48)の**正則点**，または**正常点**(ordinary point)という．

例題 4.16 $y''-xy'-y=0$の解を$x=0$における整級数展開により求めよ．

［解］ 与式を(4.48)と比べると，$p(x)=-x, q(x)=-1$であるので，$x=0$

は正則点である．そこで(4.50)の展開式を用いれば，

$$y = \sum_{n=0}^{\infty} c_n x^n$$

$$xy' = x\sum_{n=1}^{\infty} nc_n x^{n-1} = \sum_{n=0}^{\infty} nc_n x^n$$

$$y'' = \sum_{n=2}^{\infty} n(n-1)c_n x^{n-2} = \sum_{n=0}^{\infty} (n+2)(n+1)c_{n+2} x^n$$

となるので，これを与式に代入すると，

$$\sum_{n=0}^{\infty} [(n+2)(n+1)c_{n+2} - (n+1)c_n]x^n = 0$$

となる．ここで，x^nの係数を0とおいて，次の漸化式を得る．

$$(n+2)c_{n+2} = c_n$$

ここで，nを偶数と奇数に分けて，解を求める．たとえば，nが偶数の場合をあらわに書くと，

$$2c_2 = c_0, \ 4c_4 = c_2, \ 6c_6 = c_4, \ \cdots, \ 2nc_{2n} = c_{2(n-1)}, \ \cdots$$

となるので，繰り返し法を用いて，

$$c_{2n} = \frac{1}{2n}c_{2(n-1)} = \frac{1}{2n}\frac{1}{2n-2}c_{2(n-2)} = \cdots$$

$$= \frac{1}{2\cdot 4\cdots 2n}c_0$$

を得る．nが奇数の場合も同様にして

$$c_{2n+1} = \frac{1}{3\cdot 5\cdots(2n+1)}c_1$$

を得る．これらを展開式に入れて，$a=c_0$, $b=c_1$とすると，解は

$$y = a\sum_{n=0}^{\infty} \frac{x^{2n}}{2\cdot 4\cdots 2n} + b\sum_{n=0}^{\infty} \frac{x^{2n+1}}{3\cdot 5\cdots(2n+1)}$$

となる．ここで，$(2\cdot 4\cdots 2n)=2^n(1\cdot 2\cdots n)=2^n n!$ となることに注意すれば，$\sum_{n=0}^{\infty} x^{2n}/(2\cdot 4\cdots 2n)=\sum_{n=0}^{\infty}(x^2/2)^n/n!=e^{x^2/2}$ とまとめられるので，

$$y = ae^{x^2/2} + b\sum_{n=0}^{\infty} \frac{x^{2n+1}}{3\cdot 5\cdots(2n+1)}$$

と書くこともできる．第2項は既知関数にまとめられない．▮

例題 4.17 $(x^2-1)y''-2y=0$ の $x=0$ において解析的な解を求めよ。

[解] この式は(4.48)と比べれば、
$$p(x) = 0$$
$$q(x) = \frac{2}{1-x^2} = 2\sum_{n=0}^{\infty} x^{2n} \qquad (|x|<1)$$

であるから、$x=0$ で $p(x)$, $q(x)$ は解析的である。そこで、
$$y = \sum_{n=0}^{\infty} c_n x^n$$
$$(x^2-1)y'' = (x^2-1)\sum_{n=2}^{\infty} n(n-1)c_n x^{n-2}$$
$$= \sum_{n=0}^{\infty} n(n-1)c_n x^n - \sum_{n=0}^{\infty} (n+2)(n+1)c_{n+2} x^n$$

として、方程式に代入すると、
$$\sum_{n=0}^{\infty} [n(n-1)c_n - (n+2)(n+1)c_{n+2} - 2c_n]x^n = 0$$

が得られる。左辺を整理すると、
$$\sum_{n=0}^{\infty} (n+1)[(n+2)c_{n+2} - (n-2)c_n]x^n = 0$$

となるので、漸化式は
$$(n+2)c_{n+2} = (n-2)c_n$$

となる。したがって、前の例題 4.16 と同様にして、n を偶数と奇数とに分けて解く。

(1) $n=$偶数のとき $\quad c_2 = -c_0, \ c_4 = c_6 = \cdots = 0$

(2) $n=$奇数のとき $\quad c_3 = \frac{-1}{3}c_1, \ c_5 = \frac{1}{5}\frac{-1}{3}c_1, \ \cdots$

$$c_{2j+1} = \frac{2j-3}{2j+1}\cdots\frac{3}{7}\frac{1}{5}\frac{-1}{3}c_1 = -\frac{c_1}{4j^2-1} \qquad (j \geq 1)$$

が得られる。$c_0 = a$, $c_1 = b$ として(4.50)に代入すると($x_0=0$)、
$$y = a(1-x^2) + b\left[x - \sum_{j=1}^{\infty} \frac{1}{4j^2-1}x^{2j+1}\right]$$

となる。ここで、$1/(4j^2-1) = [1/(2j-1) - 1/(2j+1)]/2$ に注意して、求和記号の中身を

$$2\sum_{j=1}^{\infty}\frac{1}{4j^2-1}x^{2j+1}$$
$$=\sum_{j=1}^{\infty}\frac{1}{2j-1}x^{2j+1}-\sum_{j=1}^{\infty}\frac{1}{2j+1}x^{2j+1}$$
$$=x^2\sum_{j=1}^{\infty}\frac{1}{2j-1}x^{2j-1}-\left\{\sum_{j=0}^{\infty}\frac{1}{2j+1}x^{2j+1}-x\right\}$$
$$=x+(x^2-1)\sum_{j=0}^{\infty}\frac{1}{2j+1}x^{2j+1}$$

と書きかえる．一方，
$$\sum_{j=0}^{\infty}\frac{1}{2j+1}x^{2j+1}=\left(x+\frac{x^3}{3}+\frac{x^5}{5}+\cdots\right)=\frac{1}{2}\log\left|\frac{1+x}{1-x}\right|$$
に注意すると，一般解はまとめられて，
$$y=a(1-x^2)+\frac{b}{2}\left[x+\frac{1-x^2}{2}\log\left|\frac{1+x}{1-x}\right|\right]\quad\blacksquare$$

$q(x)=2/(1-x^2)=2\sum_{n=0}^{\infty}x^{2n}$ の整級数展開ができるのは，$|x|<1$ の範囲にかぎられる．したがって，ここで得られた級数解も，$|x|<1$ の範囲でしか意味をもたない．じっさいに，求められた整級数の収束半径は(4.47)式を用いて，$\rho_m=\lim_{n\to\infty}(2n+1)/(2n+3)=1$ となる．しかし，対数関数による最終的な表現は $|x|=1$ をのぞけば全域で有効である．このように，級数解は $x<\rho_m$ の範囲でしか意味をもたないが，和をとったものはそれを超えても正しい解になっている場合もある．

||||||||||||||||||||||||||||||||||||||||||| 問 題 4-4 |||||||||||||||||||||||||||||||||||||||||||

1. 次の微分方程式の一般解を $x=0$ における整級数展開で求めよ．
- (1) $y'=1+x+2y$
- (2) $xy'=x^2+y$
- (3) $y''-2xy'-2y=0$
- (4) $(x^2-1)y''+2xy'-2y=0$
- (5) $(1+x^2)y''-xy'-8y=0$
- (6) $y''+x^2y'+xy=0$

Coffee Break

$$1-1+1-1+\cdots = \frac{1}{2}$$

17, 8世紀は収束などはお構いなしに無限級数を使っていたらしい．たとえば，ライプニッツやベルヌイ兄弟でさえも，無限級数 $1/(1+x)=1-x+x^2-x^3+\cdots$ がどの範囲の x について成立するかには疑いも抱かずに，$x=1$ とおいて，$\frac{1}{2}=1-1+1-1+\cdots$ などとしている．このような無限級数の無制限な使用に関して，オイラーは早くから注意をうながしているにもかかわらず，自分自身は次のような計算をしている．

$$x+x^2+\cdots = \frac{x}{1-x}, \quad 1+\frac{1}{x}+\frac{1}{x^2}+\cdots = \frac{x}{x-1}$$

$$\therefore \quad \cdots + \frac{1}{x^2}+\frac{1}{x}+1+x+x^2+\cdots = 0$$

これなどは，収束半径を知っていれば起こりようのないことであるが，当時としては数学の厳密化よりも新しい公式を見つけることにあまりにも熱心であり過ぎたために生じた誤りであろう．

無限級数ではないが，当時の議論の1つに負数の対数に関するものがある．ジャン・ベルヌイなどは，$(-x)^2=x^2$ の対数をとって $\log(-x)^2=\log x^2$ として，これに対数の規則を使って，$2\log(-x)=2\log x$，すなわち $\log(-x)=\log x$ としている．もちろんこれは誤りであって，後にオイラーによって訂正されている（負数の対数については，本コース『複素関数』を見よ）．当時としては計算をしながらいろんな矛盾にぶつかり，苦労のすえに正しい結論に到達しているが，数学の厳密理論が始まるのはもっと後になってからである．たとえば，無限級数の収束についての厳密な議論は，コーシー (Cauchy, Augustin Louis : 1789-1857) によって始められる．

4-5 確定特異点

微分方程式
$$y'' + p(x)y' + q(x)y = 0 \tag{4.48}$$
において，係数 $p(x)$, $q(x)$ が
$$p(x) = \frac{P(x)}{x-x_0}, \qquad q(x) = \frac{Q(x)}{(x-x_0)^2} \tag{4.51}$$
と書けて，しかも $P(x), Q(x)$ が $x=x_0$ で解析的である（整級数展開できる）ものとしよう．すなわち，$P(x), Q(x)$ は
$$P(x) = \sum_{m=0}^{\infty} P_m(x-x_0)^m, \qquad Q(x) = \sum_{m=0}^{\infty} Q_m(x-x_0)^m \tag{4.52}$$
のように $x-x_0$ の整級数で展開できるとする（P_m, Q_m = 定数）．このとき，$x = x_0$ を微分方程式(4.48)の**確定特異点**(regular singular point)という．

[例1] オイラー型の方程式
$$x^2 y'' + xy' - y = 0 \tag{4.53}$$
は，x^2 で両辺をわると，
$$y'' + \frac{1}{x}y' - \frac{1}{x^2}y = 0$$
となるが，これを(4.48)と比べると，(4.51)で
$$x_0 = 0, \qquad P(x) = 1, \qquad Q(x) = -1$$
とおいたものである．したがって，$x=0$ はこの方程式の確定特異点である．▮

[例2] 微分方程式
$$x(x+2)y'' + (x+1)y' - 4y = 0 \tag{4.54}$$
の両辺を $x(x+2)$ でわってみよう．(4.48)と比べると，
$$p(x) = \frac{x+1}{x(x+2)}, \qquad q(x) = -\frac{4}{x(x+2)}$$
である．まず，$x=0$ の近傍で考えて，この $p(x), q(x)$ を
$$p(x) = \frac{1}{x}\left(\frac{x+1}{x+2}\right), \qquad q(x) = \frac{1}{x^2}\left(\frac{-4x}{x+2}\right)$$

の形に書きかえると，(4.51)の $P(x), Q(x)$ は

$$P(x) = \frac{x+1}{x+2}, \quad Q(x) = -\frac{4x}{x+2}$$

となって，これは $x=0$ の点で解析的である．すなわち，$x=0$ は (4.54)の確定特異点である．次に，$x+2=0$ の近傍で考える場合には，$p(x), q(x)$ を

$$p(x) = \frac{1}{x+2}\left(\frac{x+1}{x}\right), \quad q(x) = \frac{1}{(x+2)^2}\left(\frac{-4(x+2)}{x}\right)$$

の形に書きかえればよい．このとき，

$$P(x) = \frac{x+1}{x}, \quad Q(x) = -\frac{4(x+2)}{x}$$

は $x=-2$ において解析的である．したがって，$x=-2$ も (4.54) の確定特異点である．∎

$z=1/x$ とおいて，(4.48)式を新しい変数 z で書き直したときに，$z=0$ が確定特異点になることがある．このとき，$x=\infty$ は (4.48) の確定特異点であるという．

[例3] $x=\infty$ が (4.53)式の確定特異点であることを示そう．そのためには，$z=1/x$ として (4.53) を z について書き直してみればよい．

$$y' = \frac{dz}{dx}\frac{dy}{dz} = -z^2\frac{dy}{dz}$$

$$y'' = \left(\frac{dz}{dx}\right)^2\frac{d^2y}{dz^2} + \frac{d^2z}{dx^2}\frac{dy}{dz} = z^4\frac{d^2y}{dz^2} + 2z^3\frac{dy}{dz}$$

を (4.53) に入れると，

$$z^2\frac{d^2y}{dz^2} + z\frac{dy}{dz} - y = 0$$

を得る．$z=0$ は確定特異点である（z^2 でわって (4.48), (4.51) と比べて見よ）．したがって，$x=\infty$ は確定特異点である．∎

[例4] $\quad x^2 y'' + xy' + (x^2-\nu^2)y = 0 \quad$ （$\nu=$定数） $\quad$ (4.55)

は，ベッセル (Bessel) の微分方程式とよばれ，理工学の問題でよく用いられている．この特異点のようすを調べよう．x^2 でわって，(4.48) と比べると

$$p(x) = \frac{1}{x}, \quad q(x) = \frac{1}{x^2}(x^2-\nu^2)$$

となるので，$x=0$ は確定特異点であることがわかる．次に，$z=1/x$ とおいて (4.55) を書き直すと，

$$z^2 \frac{d^2y}{dz^2} + z \frac{dy}{dz} + \left(\frac{1}{z^2} - \nu^2\right)y = 0$$

となる．これを (4.48) のタイプに書き直すと，$z \cong 0$ で

$$p(z) = \frac{1}{z} = \frac{1}{z} \times (z \text{ の解析関数})$$

$$q(z) = \frac{1}{z^2}\left(\frac{1}{z^2} - \nu^2\right) \neq \frac{1}{z^2} \times (z \text{ の解析関数})$$

となるので，$z=0$ は確定特異点ではない．上からわかるように，$z \cong 0$ で $q(z) \cong z^{-4}$ となるので，この点での特異性は確定特異点より強い．（確定特異点であれば，$p \propto z^{-1}$，$q \propto z^{-2}$ となる．）すなわち，ベッセル方程式は $x=\infty$ で確定特異点より強い特異性をもつ．この例のように確定特異点以外の特異点を**不確定特異点**という．

確定特異点における級数展開　確定特異点で微分方程式の係数は特異性をもつので，その点で解が解析的でなくなることがある．これを解の**特異性** (singularity) という．いま，確定特異点を $x=x_0$ として，

$$y = (x-x_0)^k \sum_{n=0}^{\infty} c_n (x-x_0)^n \quad (c_0 \neq 0, \; k=\text{定数}) \quad (4.56)$$

とおく．ここで，k（整数に限定していない）を $y(x)$ の $x=x_0$ における**指数** (exponent) という．

指数 k と係数 c_n は，級数解を (4.48) 式に代入して，$x-x_0$ の各ベキの係数を比較することによって決められる．(4.56) を項別に微分すれば，

$$y' = \sum_{n=0}^{\infty} (k+n) c_n (x-x_0)^{n+k-1}$$

$$y'' = \sum_{n=0}^{\infty} (k+n)(k+n-1) c_n (x-x_0)^{n+k-2}$$

である．(4.51), (4.52) を用いて，

$$p(x) y' = \sum_{m=0}^{\infty} P_m (x-x_0)^{m-1} \sum_{j=0}^{\infty} (j+k) c_j (x-x_0)^{j+k-1}$$

ここで，j と m についての和を $n=j+m$ と j についての和に直して，

$$= \sum_{n=0}^{\infty} \left[\sum_{j=0}^{n} (j+k) P_{n-j} c_j \right] (x-x_0)^{n+k-2}$$

とする．同様にして

$$q(x)y = \sum_{n=0}^{\infty} \left[\sum_{j=0}^{n} Q_{n-j} c_j \right] (x-x_0)^{n+k-2}$$

を得る．これらを (4.48) に入れて

$$\sum_{n=0}^{\infty} \Big[(k+n)(k+n-1) c_n$$
$$+ \sum_{j=0}^{n} (k+j) c_j P_{n-j} + \sum_{j=0}^{n} c_j Q_{n-j} \Big] (x-x_0)^{n+k-2} = 0 \qquad (4.57)$$

となる．各 n について，$(x-x_0)^{n+k-2}$ の係数を 0 とおいて k および c_n を決めてゆく．

（Ⅰ）$n=0$ のとき．x^{k-2} の係数を 0 とおいて，$[k(k-1)+kP_0+Q_0]c_0=0$ を得るが，$c_0 \neq 0$ として指数 k を決定する関係式

$$k(k-1)+kP_0+Q_0 = 0 \qquad (4.58)$$

が得られる．これを**決定方程式** (indicial equation) という．2次式であるので，これを解けば $k=k_1, k_2$ の2つの指数が決まる．

（Ⅱ）$n \geq 1$ のとき．c_n を決める漸化式は，x^{n+k-2} の係数を 0 とおいて決められる．j についての和をばらして共通の c_j でまとめると，これは

$$[(k+n)(k+n-1)+(k+n)P_0+Q_0]c_n + [(k+n-1)P_1+Q_1]c_{n-1}$$
$$+ \cdots + [(k+1)P_{n-1}+Q_{n-1}]c_1 + (kP_n+Q_n)c_0 = 0 \qquad (4.59)$$

となる．この漸化式を利用して係数 c_n を番号の小さいものから順々に決める際に，k の2通りの値 k_1, k_2 に対応して，c_n の列も2組決められる．この2組の c_n は2階微分方程式の2つの基本解に対応する．

例題 4.18　(4.53)式の級数解を確定特異点 $x=0$ の近傍で求めよ．

［解］　x^2 でわれば，

$$y'' + \frac{1}{x} y' - \frac{1}{x^2} y = 0$$

となるので，(4.52)の P_m, Q_m は
$$P_0 = -Q_0 = 1, \quad P_j = Q_j = 0 \quad (j \geqq 1) \tag{4.60}$$
である．(4.56)で $x_0=0$ とおいて，
$$y = x^k \sum_{n=0}^{\infty} c_n x^n \quad (c_0 \neq 0, \; k=定数)$$
と展開する．指数 k は(4.58)に(4.60)を入れて決める．
$$k^2 - 1 = 0, \quad すなわち \quad k = \pm 1$$
$P_j = Q_j = 0 \, (j \geqq 1)$ から，(4.59)は
$$[(k+n)^2 - 1] c_n = 0 \quad (n \geqq 1)$$
となる．これに $k = \pm 1$ を入れると，
$$k = +1 \text{のとき} \quad n(n+2) c_n = 0$$
$$k = -1 \text{のとき} \quad n(n-2) c_n = 0$$
を得る．$n \geqq 1$ のとき $n(n+2) \neq 0$ であるから，$k=1$ に対して $c_n=0$ である．一方，$k=-1$ に対しては，$n=0$ と $n=2$ を除いて $c_n=0$ である．そこで，$k=1$ に対して $c_0=a$ とし，$k=-1$ に対して $c_0=b$, $c_2=c$ とすると，
$$y = ax + \frac{1}{x}(b + cx^2) = (a+c)x + \frac{b}{x}$$
を得る．これが確定特異点 $x=0$ における級数展開による解であるが，解は有限級数(項数＝1および2)になった．この例では，3個の任意定数 a, b, c が存在するように見えるが，このうちで a と c は最終的な解の表現では $a+c$ の形にまとまっているので，任意定数は $d=a+c$ と b の2個になっている．2つの基本解のうちで，$1/x$ は $x=0$ において特異性を示す．|

例題 4.19 (4.54)式の $x=0$ における級数解を求めよ．

[解] 例2で述べたように，$x=0$ は(4.54)式の確定特異点であるので，その解は(4.56)のように展開することができる．そこで，解を $y = x^k \sum_{n=0}^{\infty} c_n x^n$ ($c_0 \neq 0$, $k=$定数) として，これを微分すると，
$$y' = \sum_{n=0}^{\infty} (n+k) c_n x^{n+k-1}$$
$$= k c_0 x^{k-1} + \sum_{n=0}^{\infty} (n+k+1) c_{n+1} x^{n+k}$$

$$xy' = \sum_{n=0}^{\infty}(n+k)c_n x^{n+k}$$

$$x^2 y'' = \sum_{n=0}^{\infty}(n+k)(n+k-1)c_n x^{n+k}$$

$$2xy'' = 2\sum_{n=0}^{\infty}(n+k)(n+k-1)c_n x^{n+k-1}$$

$$= 2k(k-1)c_0 x^{k-1} + 2\sum_{n=0}^{\infty}(n+k+1)(n+k)c_{n+1} x^{n+k}$$

となるので,これを (4.54) に入れると,

$$k(2k-1)c_0 x^{k-1} + \sum_{n=0}^{\infty}\bigl[\{(n+k)^2 - 4\}c_n$$
$$+ (n+k+1)\{2(n+k)+1\}c_{n+1}\bigr]x^{n+k} = 0$$

を得る. x^{k-1} の係数を 0 とおいて,決定方程式

$$k(2k-1) = 0$$

が得られる. x^{n+k} $(n \geqq 0)$ の係数から c_n に関する漸化式

$$(n+k+1)\{2(n+k)+1\}c_{n+1} + \{(n+k)^2 - 4\}c_n = 0$$

が導かれる.決定方程式の解は $k=0, 1/2$ の 2 つに決まるからそれぞれについて c_n を求める.

(I) $k=0$ のとき.漸化式 $(n+1)(2n+1)c_{n+1} = -(n-2)(n+2)c_n$ から

$$c_1 = 4c_0, \quad c_2 = \frac{c_1}{2} = 2c_0, \quad c_3 = c_4 = c_5 = \cdots = 0$$

このとき,基本解は有限級数になる. $c_0 = a$ とおいて,

$$y_1 = a(1 + 4x + 2x^2)$$

(II) $k=1/2$ のとき. $n \geqq 0$ に対して漸化式

$$(n+1)(2n+3)c_{n+1} = -\frac{1}{4}(2n-3)(2n+5)c_n$$

が成り立つ. $c_0 = b$ とおいて, $n=1$ から順々に c_n を決めて

$$c_1 = \frac{5}{4}b, \quad c_2 = \left(-\frac{1}{4}\right)^2 \frac{7}{2}b, \quad \cdots\cdots$$

$$c_n = \left(-\frac{1}{4}\right)^n (2n+3)\frac{1\cdot 3\cdot 5\cdots(2n-5)}{n!}b \quad (n \geqq 3)$$

を得る.これから基本解をつくると,

$$y_2 = b\sqrt{x}\left[1+\frac{5}{4}x+\frac{7}{2}\left(\frac{-x}{4}\right)^2 + \sum_{n=3}^{\infty}(2n+3)\frac{1\cdot 3\cdot 5\cdots(2n-5)}{n!}\left(\frac{-x}{4}\right)^n\right]$$

特異点と微分方程式 これまでに見てきたように,微分方程式の形式解の構成には,確定特異点の有無が重要な役割をはたしている.そこで,特異点の現われ方に着目して微分方程式を眺めてみることにしよう.

例として,次の微分方程式を考えよう.

$$y''+\left(\frac{\alpha}{x-x_1}+\frac{2-\alpha}{x-x_2}\right)y'+\frac{\beta}{(x-x_1)^2(x-x_2)^2}y = 0 \quad (4.61)$$

この方程式の確定特異点は $x=x_1$ と $x=x_2$ にあって,しかもこれ以外に存在しない(問題 4-5,第1問を参照せよ).この式で

$$x = \frac{x_2 z - x_1}{z-1} \quad (4.62)$$

として,変数を x から z に変換すると,

$$y' = \frac{(z-1)^2}{x_1-x_2}\frac{dy}{dz}$$

$$y'' = \frac{(z-1)^4}{(x_1-x_2)^2}\frac{d^2y}{dz^2} + 2\frac{(z-1)^3}{(x_1-x_2)^2}\frac{dy}{dz}$$

となるので,

$$z^2\frac{d^2y}{dz^2} + \alpha z\frac{dy}{dz} + \frac{\beta}{(x_1-x_2)^2}y = 0 \quad (4.63)$$

が得られる.これはオイラーの微分方程式にほかならない.例1と例3で示したように,オイラー型の微分方程式では確定特異点は $z=0$ と $z=\infty$ にあるが,これは,変換(4.62)において $x=x_1$ が $z=0$ に,$x=x_2$ が $z=\infty$ に対応していることからもわかるであろう.このように,有理関数係数の2階線形微分方程式のうちで2個の確定特異点以外に特異点をもたないもの(その一般形は(4.61)である)は,オイラー型の微分方程式に帰着できる.

次の例は,**ガウス(Gauss)の微分方程式**とよばれる.

$$x(x-1)y'' + \{(1+a+b)x-c\}y' + aby = 0 \quad (4.64)$$

この両辺を $x(x-1)$ でわって(4.48)と比べると,

$$p(x) = \frac{(1+a+b)x-c}{x(x-1)}, \quad q(x) = \frac{ab}{x(x-1)} = \frac{abx(x-1)}{x^2(x-1)^2}$$

となることから，$x=0$ と $x=1$ は確定特異点であることがわかる．また，$z=1/x$ として(4.64)を z を変数として書きかえると

$$\frac{d^2y}{dz^2} + \frac{1-a-b+(c-2)z}{z(1-z)}\frac{dy}{dz} + \frac{ab}{z^2(1-z)}y = 0 \quad (4.65)$$

となることから，(4.48)と比べれば，$z \cong 0$ で

$$p \cong z^{-1} \times (z \text{ の解析関数}), \quad q \cong z^{-2} \times (z \text{ の解析関数})$$

となって，$z=0$ は(4.64)の確定特異点，すなわち，$x=\infty$ は(4.64)の確定特異点であることがいえる．まとめると，ガウスの微分方程式は $x=0, 1, \infty$ の3個の確定特異点をもっている．しかも，これ以外に特異点をもたない．

微分方程式の一般論によれば，$x=\infty$ も含めて3個の確定特異点をもち，それ以外に特異点をもたない有理関数係数の2階線形微分方程式は，すべてガウスの微分方程式に帰着されることが知られている．その意味で，ガウスの微分方程式はかなり一般の微分方程式を含んでいる．

例題 4.20 ガウスの微分方程式(4.64)を $x=0$ における級数展開によって解け．

[解] 上で示したように，$x=0$ は特異点である．そこで，形式解を

$$y = \sum_{n=0}^{\infty} c_n x^{n+k} \quad (k \neq 0, c_0 \neq 0) \quad (4.66)$$

とおいて，k と c_n を決めてゆこう．これを(4.64)に代入して

$$k(k-1+c)c_0 x^{k-1}$$
$$+ \sum_{n=0}^{\infty} \big[\{(n+k+1)(n+k) + c(n+k+1)\} c_{n+1}$$
$$- \{(n+k)(n+k-1) + (a+b+1)(n+k) + ab\} c_n \big] x^{n+k} = 0$$

を得る．x^{k-1} の係数を 0 とおいて，指数 k は

$$k = 0, \quad k = 1-c \quad (4.67)$$

で与えられる．これに対応して c_n は 2 通りに決まる．

(I) $k=0$ のとき．漸化式は，

$$(n+1)(n+c)c_{n+1} = (a+n)(b+n)c_n$$

したがって，これを c_1 から次々に決める（$c_0=1$ とおく）．

$$c_1 = \frac{ab}{1!\,c}, \quad c_2 = \frac{a(a+1)b(b+1)}{2!\,c(c+1)}, \quad \cdots\cdots$$

$$c_n = \frac{a(a+1)\cdots(a+n-1)b(b+1)\cdots(b+n-1)}{n!\,c(c+1)\cdots(c+n-1)} \tag{4.68}$$

この係数をもった級数を**超幾何級数**(hypergeometric series)，対応する関数を $F(a,b,c;x)$ の記号で表わして**超幾何関数**(hypergeometric function)とよんでいる．

$$F(a,b,c;x) = 1 + \sum_{n=1}^{\infty} \frac{a(a+1)\cdots(a+n-1)b(b+1)\cdots(b+n-1)}{n!\,c(c+1)\cdots(c+n-1)} x^n \tag{4.69}$$

この $F(a,b,c;x)$ を用いると，基本解は $y_1(x) = F(a,b,c;x)$ と書くことができる．

(II) $k=1-c$ のとき．漸化式は，

$$(n+1)(-c+n+2)c_{n+1} = (a-c+n+1)(b-c+n+1)c_n$$

となるので，やはり $c_0=1$ として c_n を決めると，

$$c_1 = \frac{(a-c+1)(b-c+1)}{1!\,(-c+2)}$$

$$c_2 = \frac{(a-c+1)(a-c+2)(b-c+1)(b-c+2)}{2!\,(-c+2)(-c+3)}$$

$$\cdots\cdots\cdots$$

$$c_n = \frac{(a-c+1)(a-c+2)\cdots(a-c+n)(b-c+1)(b-c+2)\cdots(b-c+n)}{n!\,(-c+2)(-c+3)\cdots(-c+n+1)} \tag{4.70}$$

が得られる．これから決まる基本解を $y_2(x)$ として，(4.69)と比べれば，$y_2(x) = x^{1-c} F(a-c+1, b-c+1, -c+2; x)$ と表わすことができる．

ガウスの微分方程式で，$c=1$ とすると，$y_2(x) = y_1(x)$ となって，互いに1次独立でなくなる．一般に，c が0または正負の整数のときには，漸化式を用いてすべての c_n を決めることはできない．この場合には，級数展開法だけで1次

独立な 2 つの基本解は得られない.

また，確定特異点 $x=1$ における級数解は上の解で，c のかわりに $a+b-c+1$ を入れたものに等しい（第 4 章演習問題 [7] を見よ）.

─────────────── 問 題 4-5 ───────────────

1. 微分方程式 (4.61) の特異点が $x=x_1$ と $x=x_2$ の 2 点だけであることを示せ. また，これらの点における級数解を求め，これを (4.62) で変換したものが例題 4.18 で得られた級数解と等しいことを確かめよ.

2. 次の微分方程式の一般解を $x=0$ における級数展開で求めよ.

(1) $xy''+(x+2)y'+y=0$　　(2) $x^2y''+xy'+\left(x^2-\dfrac{1}{4}\right)y=0$

(3) $x^2y''+x(2+x)y'-2y=0$　　(4) $\left(x^2+\dfrac{x}{2}\right)y''+y'-2y=0$

─────────────────────────────────

第 4 章 演 習 問 題

[1] $y''+p(x)y'+q(x)y=0$ の 1 次独立な解が $y=e^{2x}$, $y=x^3$ であるとき，$p(x)$, $q(x)$ を決めよ.

[2] 次の方程式の一般解を求めよ.

(1) $x^2y''-3xy'+3y=0$　　(2) $x^2y''-3xy'+4y=0$

(3) $x^2y''-3xy'+3y=x^3+x^4$　　(4) $x^2y''-3xy'+4y=x^3+x^4$

(5) $x^2y''-3xy'+3y=x^5\sin x$　　(6) $x^2y''-3xy'+4y=x^2+x^2\log x$

[3] 次の微分方程式を標準形に直して解け.

(1) $x^2y''-4xy'+(4x^2+6)y=0$

(2) $y''+2xy'+x^2y=0$

(3) $(x^2+1)y''+2xy'+\dfrac{1}{x^2+1}y=0$

(4) $y''-2y'+e^{4x}y=0$

(5) $(1+x^2)y''+xy'+4y=0$

(6) $y''-\dfrac{1}{x}y'+x^2y=0$

[4] 次の方程式の1つの解が（ ）内で与えられることを確かめ，それと独立な解を求めよ．

(1) $(x^2+3x+4)y''+(x^2+x+1)y'-(2x+3)y=0 \quad (e^{-x})$

(2) $(x-3)y''-(4x-9)y'+(3x-6)y=0 \quad (e^x)$

[5] 次の微分方程式の解を $x=0$ における級数展開で求めよ．

(1) $4x(1-x)y''+2(1-4x)y'-y=0$

(2) $4xy''+2y'+y=0$

[6] $y''-2xy'+2ny=0$（エルミート方程式）を $n=0,1,2$ に対して，$x=0$ における級数展開により解け．

[7] ガウスの微分方程式
$$x(1-x)y''+(c-(a+b+1)x)y'-aby=0$$
の $x=1$（確定特異点）における級数解が，超幾何関数 (4.69) において $c \to a+b-c+1$ の置きかえをしたものであることを示せ．

（ヒント：$z=1-x$ とおいて，ガウスの方程式と係数を比較せよ．）

[8] 超幾何級数 $F(a,b,c;x)$ について，次のことを示せ．

(1) $F(1,1,2;-x)=\dfrac{1}{x}\log(1+x)$

(2) $F(-a,b,b;-x)=(1+x)^a$

(3) $F(a,-n,c;x)=x$ の多項式 ($n=$ 正の整数)

Coffee Break

ブレーメンの商館見習い

　ベッセル (Bessel, Friedrich Wilhelm : 1784–1846) は，ベッセル関数の名とともに応用数学の分野ではなじみ深い人であるが，本来は天文学者である．子供のときから数学は好きであったらしいが，ラテン語の授業になじめず，ついには学業をあきらめて，15歳のときにブレーメンに出てある商館の見習社員になる．(後になってベッセルはよくラテン文を書いていたというから，学校時代の成績などは当てにならない．) その間に外国貿易を志して航海術を習い始めるが，自作の六分儀で当時住んでいたブレーメンの経度決定に成功してから，天文学そのものに関心をもちはじめ，昼は商館で働き，夜間に本をたよりに天文学と数学を独学で修める．ついには古いデータをもとにハレーすい星の軌道計算を独自におこない，それを認められてリリエンタールの私設天文台の助手に採用されるにいたる．カジョリの数学史の言葉を借りれば，そのとき「彼は富裕の将来に背を向け，貧困と星を友に選んだ」のである．

　その後，1810年にケーニヒスベルクの天文台長に迎えられ，終生その職にとどまり，観測天文学や測地学の第一人者として高い評価を受けた．ベッセル関数は天体の軌道計算の過程で彼自らが導いたものであるが，それと同じものが彼よりもずっと早くダニエル・ベルヌイやオイラーによって弦や膜の振動の研究で使われていたことが知られている．

　正規の教育を受けなかったベッセルがこのように成功した陰には，当時の天文学者オルバースの助力を見逃すわけにいかない．オルバースはベッセルが商館の見習社員時代からその才能を見抜き，軌道計算の出版をすすめたり，職を斡旋するなどいろいろと彼の力になっている．

5

高階線形微分方程式
──連立1階線形微分方程式

1階建てや2階建ての木造建築から高層ビルへと進むにつれて，建て方や作業の仕方が変わってくる．機械化も避けることはできない．それと同じように，微分方程式も n 階ともなると，いろいろな数学の助けを借りると便利な場合が多い．たとえば，「行列」などについて知っていることを使うだけで見通しがずいぶんよくなる．

5-1 連立1階微分方程式と高階微分方程式

これまでは，従属変数が1個の微分方程式を扱ってきた．この枠をとりはらって，もっと一般的な場合を考えよう．

[例1] 同位元素の崩壊系列．同位元素の崩壊過程は(1.3)式

$$\frac{dn}{dt} = -\gamma n$$

で表わされるが，この過程で次つぎに生成される新しい同位元素の個数は連立方程式で記述される．たとえば，ラジウム元素が α 線を放出してラドンに変換し，さらに α 崩壊によりポロニウムに変換する場合を取り上げる．それぞれの原子の数を N_1, N_2, N_3 とし，崩壊定数を q_1, q_2, q_3 とする．時間変数を t とすると，ラジウム元素の個数 N_1 は

$$\frac{dN_1}{dt} = -q_1 N_1 \tag{5.1a}$$

で変化してゆく．ラジウム元素が減る分だけラドン元素が増えるが，一方，単位時間当たり q_2 の割合でポロニウムに変換するので，

$$\frac{dN_2}{dt} = q_1 N_1 - q_2 N_2 \tag{5.1b}$$

が成立する．同様にして，ポロニウム元素の数 N_3 は

$$\frac{dN_3}{dt} = q_2 N_2 - q_3 N_3 \tag{5.1c}$$

で変化する．したがって，任意の時刻における3つの元素の数 N_1, N_2, N_3 は，3元1次の連立微分方程式で記述される．∎

[例2] 1次元格子振動．図5-1にあるように，質量 m の質点が隣りあう質点とバネでつながれて，N 個並んでいる．このような質点系を1次元格子と

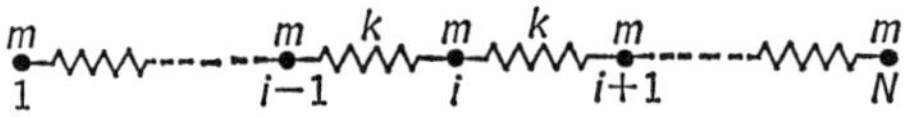

図 5-1 1次元格子系

5-1 連立1階微分方程式と高階微分方程式

よんでいるが，ここではとくに，バネの力が伸びに比例するような場合，すなわち1次元調和格子を考える．左から質点に番号をつけて，$1, 2, \cdots, N$ とする．i 番目の質点に着目して，その変位を x_i とする（変位は右向きを正にとる）．右隣りの質点は x_{i+1} だけ変位するので，この間のバネの伸びは $x_{i+1}-x_i$ である．したがって，バネ定数を k とすると，i 番目の質点は，右側のバネからは $k(x_{i+1}-x_i)$ の力を受ける．左側のバネからは $k(x_i-x_{i-1})$ の力で引かれる．したがって，i 番目の質点の運動方程式は

$$m\frac{d^2x_i}{dt^2} = k(x_{i+1}-x_i)-k(x_i-x_{i-1})$$

となる．いちばん左端の質点は右隣りの質点からしか力を受けないので，

$$m\frac{d^2x_1}{dt^2} = k(x_2-x_1)$$

同様にして，右端の質点の運動方程式は

$$m\frac{d^2x_N}{dt^2} = -k(x_N-x_{N-1})$$

である．これらをまとめて，

$$m\frac{d^2x_i}{dt^2} = k(x_{i+1}+x_{i-1}-2x_i) \quad (2\leq i\leq N-1) \tag{5.2a}$$

$$m\frac{d^2x_1}{dt^2} = k(x_2-x_1), \quad m\frac{d^2x_N}{dt^2} = -k(x_N-x_{N-1}) \tag{5.2b}$$

という N 組の方程式を得る．∎

正規型連立1階線形微分方程式 (5.1)式や(5.2)式のように，複数の未知変数に対する微分方程式の組合せを**連立微分方程式**(simultaneous differential equation)という．そのうちで，とくにここでは線形でしかも正規型に書けている連立1階微分方程式を取り上げる．すなわち，n 個の未知関数 $y_1(x), y_2(x), \cdots, y_n(x)$ に対して，次の n 組の線形微分方程式を考える．

$$\frac{dy_1}{dx} = a_{11}(x)y_1+a_{12}(x)y_2+\cdots+a_{1n}(x)y_n+r_1(x)$$

$$\frac{dy_2}{dx} = a_{21}(x)y_1+a_{22}(x)y_2+\cdots+a_{2n}(x)y_n+r_2(x) \tag{5.3}$$

....

$$\frac{dy_n}{dx} = a_{n1}(x)y_1 + a_{n2}(x)y_2 + \cdots + a_{nn}(x)y_n + r_n(x)$$

ここで，係数 $a_{11}(x)$, $a_{12}(x)$, $\cdots$, $a_{nn}(x)$, ならびに $r_1(x)$, $\cdots$, $r_n(x)$ は与えられた関数とする．(5.3)式を**線形連立1階微分方程式**という．

たとえば，上の例1では，$y_j = N_j (j=1, 2, 3)$ が対応している．しかし，例2は N 組の2階微分方程式で，そのままでは連立1階方程式でない．ところが，$dx_i/dt = p_i/m (i=1, 2, \cdots, N)$ によって新しい未知変数 p_i (運動量)を導入すると，(5.2)式は

$$\frac{dx_i}{dt} = \frac{p_i}{m} \qquad (1 \leq i \leq N)$$

$$\frac{dp_i}{dt} = k(x_{i+1} + x_{i-1} - 2x_i) \qquad (2 \leq i \leq N-1)$$

$$\frac{dp_1}{dt} = k(x_2 - x_1), \qquad \frac{dp_N}{dt} = k(x_{N-1} - x_N)$$

となって，$2N$ 個の未知変数 $(x_i, p_i; i=1, 2, \cdots, N)$ に対する連立1階微分方程式になる．

(5.3)式は次のようにまとめて書くことができる．

$$\frac{dy_i}{dx} = \sum_{j=1}^{n} a_{ij}(x)y_j + r_i(x) \qquad (i=1, 2, \cdots, n) \tag{5.4}$$

ベクトル表示 (5.4)式はベクトル形式で表わすと簡単になる．

$$Y = \begin{pmatrix} y_1 \\ y_2 \\ \vdots \\ y_n \end{pmatrix}, \quad R = \begin{pmatrix} r_1 \\ r_2 \\ \vdots \\ r_n \end{pmatrix}, \quad A = \begin{pmatrix} a_{11} & \cdots & a_{1n} \\ a_{21} & \cdots & a_{2n} \\ \cdots\cdots\cdots \\ a_{n1} & \cdots & a_{nn} \end{pmatrix} \tag{5.5}$$

とすると，(5.4)は，右辺第1項が行列 $A(x)$ と列ベクトル Y の積であることを用いて，次のように書ける．

$$\frac{dY}{dx} = AY + R \tag{5.6}$$

例題 5.1 (5.1)式をベクトル形式で表わせ．

[解]
$$N = \begin{pmatrix} N_1 \\ N_2 \\ N_3 \end{pmatrix}, \quad Q = \begin{pmatrix} -q_1 & 0 & 0 \\ q_1 & -q_2 & 0 \\ 0 & q_2 & -q_3 \end{pmatrix}$$

とすると，(5.1)は

$$\frac{dN}{dt} = QN \quad \blacksquare$$

例題 5.2 $y'' + y = 0$ をベクトル表示で(5.6)式の形に表わせ．

[解] この微分方程式は

$$\frac{dy}{dx} = y', \quad \frac{dy'}{dx} = -y$$

と書けるから，(5.6)の Y と A を

$$Y = \begin{pmatrix} y \\ y' \end{pmatrix}, \quad A = \begin{pmatrix} 0 & 1 \\ -1 & 0 \end{pmatrix}$$

のようにとれば，(5.6)で R のない式を得る．$\blacksquare$

例題 5.3 $y^{(3)} + y = 0$ について，(5.5)式の Y と A を求めよ．

[解] $dy/dx = y'$, $dy'/dx = y''$, $dy''/dx = y^{(3)} = -y$ であるから，

$$Y = \begin{pmatrix} y \\ y' \\ y'' \end{pmatrix}, \quad A = \begin{pmatrix} 0 & 1 & 0 \\ 0 & 0 & 1 \\ -1 & 0 & 0 \end{pmatrix} \quad \blacksquare$$

連立方程式と高階微分方程式 上の例題 5.2, 5.3 では，2階および3階の微分方程式を，それぞれ2元ならびに3元連立1階微分方程式に書き直している．一般に，1従属変数の n 階微分方程式は n 元の連立1階微分方程式に書き直すことができる．すなわち，

$$y^{(n)} + p_1(x) y^{(n-1)} + \cdots + p_{n-1}(x) y' + p_n(x) y = 0 \tag{5.7}$$

において，新しい従属変数 $y_1, y_2, \cdots, y_n$ を

$$y_1 = y, \quad y_2 = y', \quad \cdots, \quad y_j = y^{(j-1)}, \quad \cdots, \quad y_n = y^{(n-1)} \tag{5.8}$$

によって導入すると，

$$y_j' = y_{j+1} \quad (1 \leq j \leq n-1) \tag{5.9a}$$

$$y_n' = -p_1 y_n - p_2 y_{n-1} - \cdots - p_{n-1} y_2 - p_n y_1 \tag{5.9b}$$

の1階の連立微分方程式を得る．また，これは

$$Y = \begin{pmatrix} y \\ y' \\ \vdots \\ y^{(n-1)} \end{pmatrix}, \quad A = \begin{pmatrix} 0 & 1 & 0 & \cdots\cdots & 0 \\ 0 & 0 & 1 & 0 & \cdots & 0 \\ & & \cdots\cdots\cdots\cdots\cdots & & \\ 0 & & \cdots\cdots\cdots\cdots & 0 & 1 \\ -p_n & -p_{n-1} & \cdots\cdots\cdots & & -p_1 \end{pmatrix} \quad (5.10)$$

とすれば，(5.6)のベクトル形式で表わせる．ここで，行列 A は，$(j, j+1)$ 要素と n 行目の要素以外は，すべて 0 である．

逆に，n 元連立 1 階微分方程式は 1 従属変数の n 階微分方程式に書きかえることができる．たとえば，y_1 についての微分方程式をつくりたければ，(5.4)式で $i=1$ としたものを次つぎに微分すればよい．微分のたびに右辺に現われる dy_j/dx を (5.4) 式を使って $\sum_{k=1}^{n} a_{jk} y_k$ で置きかえると，$y_1', y_1'', \cdots, y_1^{(n)}$ を y_1, $y_2, \cdots, y_n$ の 1 次結合で表わした式ができる．すなわち，

$$y_1^{(j)} = \sum_{k=1}^{n} b_{jk} y_k \quad (j=1, 2, \cdots, n)$$

この n 個の方程式から $y_2, \cdots, y_n$ を消去すれば，y_1 に関する n 階微分方程式を得る．

[例3] 同位元素の崩壊系列の例((5.1a〜c)式)で，N_3 の方程式を求めてみよう．(5.1c)を微分して(5.1b)を用いると，

$$\frac{d^2 N_3}{dt^2} = q_2 \frac{dN_2}{dt} - q_3 \frac{dN_3}{dt}$$

$$= q_1 q_2 N_1 - q_2(q_2+q_3)N_2 + q_3^2 N_3 \quad (5.11\text{a})$$

を得る．これをさらに微分して，(5.1a〜c)を使って整理すると，

$$\frac{d^3 N_3}{dt^3} = -q_1 q_2 (q_1+q_2+q_3) N_1$$
$$+ q_2(q_2^2 + q_2 q_3 + q_3^2) N_2 - q_3^3 N_3 \quad (5.11\text{b})$$

(5.1c) と (5.11a, b) とから N_1, N_2 を消去すると，

$$\frac{d^3 N_3}{dt^3} + (q_1+q_2+q_3) \frac{d^2 N_3}{dt^2}$$
$$+ (q_1 q_2 + q_2 q_3 + q_3 q_1) \frac{dN_3}{dt} + q_1 q_2 q_3 N_3 = 0 \quad (5.12)$$

となって，N_3 の時間的変化を支配する方程式として 3 階の微分方程式を得る．同様にして，N_2 の変化を調べれば，2 階の微分方程式

$$\frac{d^2N_2}{dt^2}+(q_1+q_2)\frac{dN_2}{dt}+q_1q_2N_2=0 \tag{5.13}$$

が得られる．▮

──────────────── 問 題 5-1 ────────────────

1. 微分方程式 $d^2y/dx^2+p(x)dy/dx+q(x)y=0$ を (5.8) 式の置きかえで 1 階の連立微分方程式に直せ．

2. 微分方程式 $d^2y/dx^2-y=0$ で，次の 2 通りの置きかえを行なって，それぞれを (5.6) 式のベクトル形式に書き直せ．

(1) $U=\begin{pmatrix}u_1\\u_2\end{pmatrix}=\begin{pmatrix}y\\y'\end{pmatrix}$ (2) $V=\begin{pmatrix}v_1\\v_2\end{pmatrix}=\begin{pmatrix}y'+y\\y'-y\end{pmatrix}$

3. 次の $u(x), v(x)$ に関する連立微分方程式から u の微分方程式をつくれ．また，v についての方程式をつくれ（$\lambda=$ 定数）．

$$\frac{du}{dx}=\lambda u+p(x)v, \quad \frac{dv}{dx}=-\lambda v+q(x)u$$

──

5-2　2 元連立方程式（**I**）

連立方程式の解がどのように組み立てられるかを，簡単な例でみてみよう．次の 2 元連立方程式を取り上げる．

$$\frac{dy_1}{dx}=y_2, \quad \frac{dy_2}{dx}=y_1 \tag{5.14}$$

これを (5.6) 式のベクトル形式に直すには，次のようにおけばよい．

$$\boldsymbol{Y}=\begin{pmatrix}y_1\\y_2\end{pmatrix}, \quad A=\begin{pmatrix}0&1\\1&0\end{pmatrix}, \quad \boldsymbol{R}=\begin{pmatrix}0\\0\end{pmatrix} \tag{5.15}$$

(5.14) の第 1 式を微分して，第 2 式を使うと，

$$\frac{d^2y_1}{dx^2}=\frac{dy_2}{dx}=y_1, \quad \text{すなわち} \quad y_1''-y_1=0$$

となる．これは定数係数の2階微分方程式であるので，指数関数解を想定して，$y_1 = e^{px}$ とおくと，特性方程式(3.31)は $p^2 = 1$ となって，$p = \pm 1$ を得る．この2つの p の値を用いて，一般解は

$$y_1 = ae^x + be^{-x} \tag{5.16a}$$

と表わせる．これを(5.14)の第1式に入れると，y_2 が得られて

$$y_2 = y_1' = ae^x - be^{-x} \tag{5.16b}$$

となる．この解は，(5.15)のベクトルを使って書くと見やすい．

$$\boldsymbol{Y}(x) = \begin{pmatrix} y_1 \\ y_2 \end{pmatrix} = \begin{pmatrix} ae^x + be^{-x} \\ ae^x - be^{-x} \end{pmatrix}$$

となる．ベクトル $\boldsymbol{Y}$ を2つの部分に分けて，

$$\boldsymbol{Y}(x) = a\begin{pmatrix} e^x \\ e^x \end{pmatrix} + b\begin{pmatrix} e^{-x} \\ -e^{-x} \end{pmatrix}$$

とする．係数 a, b に比例した部分を，それぞれ

$$\boldsymbol{F}(x) = \begin{pmatrix} e^x \\ e^x \end{pmatrix}, \quad \boldsymbol{G}(x) = \begin{pmatrix} e^{-x} \\ -e^{-x} \end{pmatrix} \tag{5.17}$$

と書くと，一般解は

$$\boldsymbol{Y}(x) = a\boldsymbol{F}(x) + b\boldsymbol{G}(x) \tag{5.18}$$

と表わすことができる．$\boldsymbol{F}(x), \boldsymbol{G}(x)$ は，いずれも(5.14)の解である．このことは，代入して確かめることができる．例えば，

$$\frac{d\boldsymbol{G}}{dx} = \frac{d}{dx}\begin{pmatrix} e^{-x} \\ -e^{-x} \end{pmatrix} = \begin{pmatrix} -e^{-x} \\ e^{-x} \end{pmatrix} = -\boldsymbol{G}$$

$$A\boldsymbol{G} = \begin{pmatrix} 0 & 1 \\ 1 & 0 \end{pmatrix}\begin{pmatrix} e^{-x} \\ -e^{-x} \end{pmatrix} = \begin{pmatrix} -e^{-x} \\ e^{-x} \end{pmatrix} = -\boldsymbol{G}$$

となるので，$d\boldsymbol{G}/dx = A\boldsymbol{G}$ が示される．$\boldsymbol{F}$ についても同様である．

(5.18)式は微分方程式の一般解 $\boldsymbol{Y}$ を2つの特解 $\boldsymbol{F}, \boldsymbol{G}$ の1次結合で表わした形になっている．したがって，$\boldsymbol{F}, \boldsymbol{G}$ は(5.14)式の**基本解**，または**基本ベクトル**であると考えられる．ここで考えている例で，基本解が2つ存在することは，ベクトル形式で考えれば自然である．なぜならば，解ベクトル $\boldsymbol{Y}$ は2次元ベクトルであるので，それを表わすには2つの基本ベクトル(基底ベクトル)が必

要であるからである．一般に，解ベクトル Y の次元数が基本ベクトルの数を決める．n 元連立方程式であれば，解ベクトルは n 次元であるので，基本解は n 個存在することになる．

初期値問題 次に初期値解を表わすのに，もっとも適切な基本解の選び方を考えてみよう．(5.14)式を $x=t$ で次の初期条件のもとに解く．

$$Y(t) = \begin{pmatrix} A \\ B \end{pmatrix} = P \tag{5.19}$$

一方，(5.17)と(5.18)で $x=t$ とおくと，

$$Y(t) = a\begin{pmatrix} e^t \\ e^t \end{pmatrix} + b\begin{pmatrix} e^{-t} \\ -e^{-t} \end{pmatrix} = \begin{pmatrix} ae^t + be^{-t} \\ ae^t - be^{-t} \end{pmatrix} = \begin{pmatrix} A \\ B \end{pmatrix}$$

となる．a, b を解けば，$a = (A+B)e^{-t}/2$, $b = (A-B)e^t/2$ となるので，

$$Y(x) = \frac{A}{2}(Fe^{-t} + Ge^t) + \frac{B}{2}(Fe^{-t} - Ge^t) \tag{5.20}$$

が初期値解になる．ここで，基本解 F, G の代りに，新しく

$$Y_1(x; t) = -\frac{1}{2}(Fe^{-t} + Ge^t) = \begin{pmatrix} \cosh(x-t) \\ \sinh(x-t) \end{pmatrix} \tag{5.21a}$$

$$Y_2(x; t) = -\frac{1}{2}(Fe^{-t} - Ge^t) = \begin{pmatrix} \sinh(x-t) \\ \cosh(x-t) \end{pmatrix} \tag{5.21b}$$

によって，Y_1, Y_2 を導入すると，(5.20)は

$$Y(x) = AY_1(x; t) + BY_2(x; t) \tag{5.22}$$

と書くことができる．ここで，基本解 Y_1, Y_2 は $x=t$ で，それぞれ

$$Y_1(t; t) = \begin{pmatrix} 1 \\ 0 \end{pmatrix}, \quad Y_2(t; t) = \begin{pmatrix} 0 \\ 1 \end{pmatrix}$$

という特別な値をとる．このことをはっきり示すために，(5.21)で引数にパラメーター t を書き添えて，$Y_1(x; t), Y_2(x; t)$ などとした．

解空間と解軌道 2元連立方程式では解ベクトルは2成分になるので，解ベクトルの全体は2次元空間を構成する．ここでは，実数解だけを問題にしているので，正確にいえば，解ベクトルの空間は2次元実空間である．この空間をここでは**解空間**とよぶことにしよう．（第6章ではこの空間のことを**相空間**とよぶ．）解ベクトル $Y(x)$ はこの空間の1点に対応する．この点は，x の変化と

ともに,ベクトル空間内を動く.したがって,1つの解には解空間内の1本の曲線が対応する.これを**解軌道**と名づける.

図5-2に(5.14)式の解空間を示す.横軸にはYの第1成分($=y_1$)が,縦軸には第2成分($=y_2$)が対応している.いま,(5.19)で$t=0$とおいた解を考えて,$x=0$における初期値を$y_1=A$,$y_2=B$とする.解は(5.22)で$t=0$とおいたものになって,

$$y_1 = A\cosh x + B\sinh x, \quad y_2 = A\sinh x + B\cosh x$$

となる.これから,

$$y_1{}^2 - y_2{}^2 = (A\cosh x + B\sinh x)^2 - (A\sinh x + B\cosh x)^2$$
$$= (A^2 - B^2)(\cosh^2 x - \sinh^2 x) = A^2 - B^2 \qquad (5.23)$$

を得るので,解軌道は点$P(A,B)$を通る直角双曲線になることがわかる.$|A|=|B|$のときには,解軌道は原点を通る直線になる.原点を除けば,1点を通る解軌道は1本しかない.これは,初期値解が一意であることに対応する.この場合,原点は特異点である(第6章をみよ).変数xが増えるにつれて,解はこの曲線上を図に示した矢印の向きに動く.このことは,(5.14)式をみればわかる.たとえば,$y_2>0$(図の上半面に相当)では,$y_1'>0$であるから,解は解曲

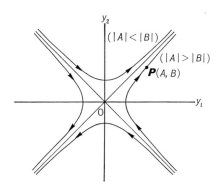

図5-2 $y_1'=y_2$,$y_2'=y_1$の解軌道: $y_1{}^2-y_2{}^2=A^2-B^2$
A,Bの値によって双曲線の分枝が異なる.$|A|<|B|$のとき解軌道は上($B>0$)または下($B<0$)の双曲線になり,$|A|>|B|$のとき解軌道は右($A>0$)または左($A<0$)の双曲線になる.

線上を y_1 が増える方向(図の右向き)に動く．また，$y_1>0$(図の右半面)では，$y_2'>0$ であるから，解は上向きに動くことになる．これにあわせて矢印の向きが決められる．解軌道のくわしい説明は第6章で与える．

レゾルベント行列 いま，初期条件(5.19)，すなわち $x=t$ で $Y=P$ を満足する初期値解を $Y=Y(x;t,P)$ と表わすと，これは(5.22)から

$$Y(x;t,P) = \begin{pmatrix} A\cosh(x-t)+B\sinh(x-t) \\ A\sinh(x-t)+B\cosh(x-t) \end{pmatrix}$$
$$= \begin{pmatrix} \cosh(x-t) & \sinh(x-t) \\ \sinh(x-t) & \cosh(x-t) \end{pmatrix}\begin{pmatrix} A \\ B \end{pmatrix}$$

と書ける．いま，行列 $M(x;t)$ を

$$M(x;t) = \begin{pmatrix} \cosh(x-t) & \sinh(x-t) \\ \sinh(x-t) & \cosh(x-t) \end{pmatrix} \tag{5.24}$$

で定義すると，初期値解(5.22)は

$$Y(x;t,P) = M(x;t)P \tag{5.25}$$

と書くことができる．初期値解 Y を初期値 P のベクトル空間における写像とみなすと，この写像は行列 $M(x;t)$ によって与えられる．この写像 $M(x;t)$ を**レゾルベント行列**(resolvent matrix)とよぶ．このレゾルベント行列は，(5.21)の基本列ベクトル Y_1, Y_2 を2列に並べた形をしているので，**解核行列**ともよばれている．結局のところ，初期値問題はこの解核行列 $M(x;t)$ の表現を求める問題であるということになる．なお，この議論は n 次元に拡張できる(5-4節を見よ)．

例題 5.4 $y_1'=y_2$，$y_2'=-y_1$ の解を求めよ．

[解] 第1式を微分して第2式を使うと，y_2 が消去できて，

$$y_1'' = -y_1$$

を得る．この一般解は，(3.12), (3.13)および(3.21)からわかるように，

$$y_1 = a\sin x + b\cos x, \quad y_2 = y_1' = a\cos x - b\sin x$$

である．ベクトル形式で書くと，

$$Y = \begin{pmatrix} y_1 \\ y_2 \end{pmatrix} = a\begin{pmatrix} \sin x \\ \cos x \end{pmatrix} + b\begin{pmatrix} \cos x \\ -\sin x \end{pmatrix}$$

となる。初期条件を $x=t$ で (5.19) とおいて，一般解に入れると，
$$a\sin t + b\cos t = A, \quad a\cos t - b\sin t = B$$
を得る。これを解いて，
$$a = A\sin t + B\cos t, \quad b = A\cos t - B\sin t$$
となるので，
$$Y(x;t,P) = \begin{pmatrix} A\cos(x-t) + B\sin(x-t) \\ -A\sin(x-t) + B\cos(x-t) \end{pmatrix}$$
$$= \begin{pmatrix} \cos(x-t) & \sin(x-t) \\ -\sin(x-t) & \cos(x-t) \end{pmatrix} \begin{pmatrix} A \\ B \end{pmatrix}$$
が得られる。右辺の 2×2 行列はレゾルベント行列 $M(x;t)$ である。これは，図 5-3 に示すように，原点を中心とした時計回りの角度 $x-t$ の回転写像に等しい。すなわち，解軌道は初期値 $P=(A,B)$ を通り，原点に中心をもつ円になる。また，$y_2>0$ で $y_1'>0$ となることから（あるいは，$y_2<0$ で $y_1'<0$），x の増加につれて解はこの上を時計回りに動くことがわかる。∎

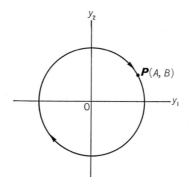

図 5-3　$y_1'=y_2$, $y_2'=-y_1$ の解軌道：$y_1{}^2+y_2{}^2 = A^2+B^2$

例題 5.5 連立方程式 $xy_1'=y_2$, $xy_2'=y_1$ を解き，レゾルベント行列を求めよ。

[解] 第 1 式を微分して，x をかけて第 2 式を使う。
例題 4.9(115 ページ) の下で述べたやり方で解く。
$$x\frac{d}{dx}(xy_1') = x\frac{dy_2}{dx} = y_1$$

となるので，これを整理して，オイラー方程式

$$x^2 y_1'' + x y_1' - y_1 = 0$$

を得る．$y_1 = x^p$ とおくと，$p(p-1)+p-1 = p^2-1 = 0$，すなわち $p = \pm 1$ となるので，一般解は

$$y_1 = ax + \frac{b}{x}, \qquad y_2 = xy_1' = ax - \frac{b}{x}$$

である．ベクトル形式で書いて，

$$\boldsymbol{Y} = \begin{pmatrix} y_1 \\ y_2 \end{pmatrix} = a \begin{pmatrix} x \\ x \end{pmatrix} + b \begin{pmatrix} \dfrac{1}{x} \\ -\dfrac{1}{x} \end{pmatrix}$$

が得られる．(5.19)式の初期条件を考慮して，$x = t$ で，$y_1 = A$，$y_2 = B$ とおくと，

$$at + \frac{b}{t} = A, \qquad at - \frac{b}{t} = B$$

となるので，これを解いて

$$a = \frac{1}{2t}(A+B), \qquad b = \frac{t}{2}(A-B)$$

を得る．これを上の $\boldsymbol{Y}$ に入れると，

$$\boldsymbol{Y} = \begin{pmatrix} \dfrac{A}{2}\left(\dfrac{x}{t} + \dfrac{t}{x}\right) + \dfrac{B}{2}\left(\dfrac{x}{t} - \dfrac{t}{x}\right) \\ \dfrac{A}{2}\left(\dfrac{x}{t} - \dfrac{t}{x}\right) + \dfrac{B}{2}\left(\dfrac{x}{t} + \dfrac{t}{x}\right) \end{pmatrix}$$

$$= \begin{pmatrix} \dfrac{1}{2}\left(\dfrac{x}{t} + \dfrac{t}{x}\right) & \dfrac{1}{2}\left(\dfrac{x}{t} - \dfrac{t}{x}\right) \\ \dfrac{1}{2}\left(\dfrac{x}{t} - \dfrac{t}{x}\right) & \dfrac{1}{2}\left(\dfrac{x}{t} + \dfrac{t}{x}\right) \end{pmatrix} \begin{pmatrix} A \\ B \end{pmatrix}$$

を得る．右辺の 2×2 行列が求めるレゾルベント行列である．

$$y_1{}^2 - y_2{}^2 = \left(ax + \frac{b}{x}\right)^2 - \left(ax - \frac{b}{x}\right)^2 = 4ab = A^2 - B^2$$

であるから，解軌道は直角双曲線となることがわかる(図5-4)．この上を，解は矢印の方向に動く．∎

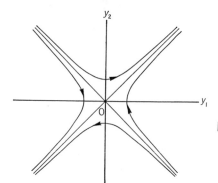

図 5-4 $xy_1' = y_2$, $xy_2' = y_1$ の解軌道： $y_1^2 - y_2^2 = A^2 - B^2$

例題 5.4, 5.5 の解をベクトル形式のまま求めることも可能であるが，これについては，5-3 節をみよ．

━━━━━━━━━━━━━━━━ 問 題 5-2 ━━━━━━━━━━━━━━━━

1. 次の連立方程式を（ ）内の初期条件のもとに解け．
   (1) $y_1' = y_2$, $y_2' = 3y_1 - 2y_2$ $\quad (x=0 ; y_1=1, y_2=0)$
   (2) $y_1' = -2y_1 - 2y_2$, $y_2' = y_1$ $\quad (x=0 ; y_1=0, y_2=1)$
   (3) $y_1' = -y_1$, $y_2' = y_1 - 2y_2$, $y_3' = 2y_2 - y_3$ $\quad (x=0 ; y_1=1, y_2=y_3=0)$
   (4) $y_1' = -2y_3$, $y_2' = -y_1 - y_3$, $y_3' = -2y_1 - 3y_2$
       $(x=0 ; y_1=1, y_2=0, y_3=1)$

5-3 2元連立方程式(II)

前節では，1階の連立微分方程式の解法を従属変数が2つの場合について考察した．このとき，解は2成分のベクトル関数で表現できるので，2次元ベクトル空間の曲線が解に対応する．解ベクトルは2成分をもつので，解の全体は2パラメーター族をつくっている．（2次元の議論を拡張すれば，n元の連立1階微分方程式の解は，n成分ベクトル関数で表現され，n次元ベクトル空間内

5-3 2元連立方程式(II)

の曲線が対応することになる(5-4節をみよ).)

このベクトル空間内の1点(初期ベクトル)にレゾルベント行列をかければ,初期値解を求めることができる.このような解の構成を,以下でより一般的に眺めてみることにする.

1次従属と1次独立 2次元ベクトル $\boldsymbol{F}(x),\ \boldsymbol{G}(x)$ に関して1次従属と1次独立を次のように定義する.

同時に0にならない定数の組 c_1, c_2 に対して,
$$c_1\boldsymbol{F}(x)+c_2\boldsymbol{G}(x)=0 \tag{5.26}$$
が恒等的に成立するとき,ベクトル $\boldsymbol{F}(x),\ \boldsymbol{G}(x)$ は**1次従属**であるという.また,$c_1=c_2=0$ のときにのみ(5.26)式が成立する場合を**1次独立**であるという.

$\boldsymbol{F}(x),\ \boldsymbol{G}(x)$ の成分を $(f_1, f_2),\ (g_1, g_2)$ とすると,(5.26)式は
$$\begin{pmatrix} c_1 f_1+c_2 g_1 \\ c_1 f_2+c_2 g_2 \end{pmatrix} = \begin{pmatrix} f_1 & g_1 \\ f_2 & g_2 \end{pmatrix}\begin{pmatrix} c_1 \\ c_2 \end{pmatrix} = 0 \tag{5.27}$$
と書くことができる.これを c_1, c_2 を決めるベクトル方程式とみなすと,$(c_1, c_2) \neq 0$ の解をもつ必要条件は
$$\det(\boldsymbol{F},\boldsymbol{G}) = \begin{vmatrix} f_1 & g_1 \\ f_2 & g_2 \end{vmatrix} = f_1 g_2 - f_2 g_1 = 0 \tag{5.28}$$
である.もし,$\det(\boldsymbol{F},\boldsymbol{G}) \neq 0$ であれば,(5.26)の解は $(c_1, c_2)=0$ となる.そこで次のことが導かれる.

> 2つのベクトル関数 $\boldsymbol{F},\boldsymbol{G}$ が1次従属であれば,$(c_1, c_2) \neq 0$ の解があるので,$\det(\boldsymbol{F},\boldsymbol{G})=0$ でなければならない.逆に,$\det(\boldsymbol{F},\boldsymbol{G}) \neq 0$ であれば,$(c_1, c_2)=0$ となるので,$\boldsymbol{F},\boldsymbol{G}$ は1次独立である.

(5.26)~(5.28)式の $\boldsymbol{F},\boldsymbol{G}$ が2元連立斉次方程式
$$\frac{d\boldsymbol{Y}}{dx} = A\boldsymbol{Y} \tag{5.29}$$
を満たすものとする.この式を $\boldsymbol{F},\boldsymbol{G}$ の成分について書き下すと,
$$f_1' = a_{11}f_1+a_{12}f_2, \qquad g_1' = a_{11}g_1+a_{12}g_2 \tag{5.30a}$$
$$f_2' = a_{21}f_1+a_{22}f_2, \qquad g_2' = a_{21}g_1+a_{22}g_2 \tag{5.30b}$$
となる.いま,行列式 $\varDelta(\boldsymbol{F},\boldsymbol{G})$ を

$$\Delta(\boldsymbol{F}, \boldsymbol{G}) = \begin{vmatrix} f_1 & g_1 \\ f_2 & g_2 \end{vmatrix} = f_1 g_2 - f_2 g_1 \tag{5.31}$$

で定義しよう．この式を x で微分すると

$$\frac{d}{dx} \Delta(\boldsymbol{F}, \boldsymbol{G}) = \begin{vmatrix} f_1' & g_1' \\ f_2 & g_2 \end{vmatrix} + \begin{vmatrix} f_1 & g_1 \\ f_2' & g_2' \end{vmatrix}$$

となるが，ここで (5.30) を使う．その際，たとえば第 1 項は

$$\begin{vmatrix} f_1' & g_1' \\ f_2 & g_2 \end{vmatrix} = a_{11} \begin{vmatrix} f_1 & g_1 \\ f_2 & g_2 \end{vmatrix} + a_{12} \begin{vmatrix} f_2 & g_2 \\ f_2 & g_2 \end{vmatrix}$$

となる．2 つの行が等しい行列式は恒等的に 0 であるので，

$$\text{第 1 項} = a_{11} \Delta(\boldsymbol{F}, \boldsymbol{G})$$

が得られる．同様の計算を第 2 項について行なうと，

$$\text{第 2 項} = a_{22} \Delta(\boldsymbol{F}, \boldsymbol{G})$$

となるので，これらを加えると

$$\frac{d}{dx} \Delta(\boldsymbol{F}, \boldsymbol{G}) = (a_{11} + a_{22}) \Delta(\boldsymbol{F}, \boldsymbol{G}) \tag{5.32}$$

を得る．これを $\Delta(\boldsymbol{F}, \boldsymbol{G})$ に対する微分方程式とみなして解くと

$$\Delta(\boldsymbol{F}, \boldsymbol{G}; x) = \Delta(\boldsymbol{F}, \boldsymbol{G}; a) \exp\left[\int_a^x (a_{11} + a_{22}) dx\right] \tag{5.33}$$

となる．ここで，行列式 $\Delta(\boldsymbol{F}, \boldsymbol{G})$ は解 $\boldsymbol{F}, \boldsymbol{G}$ を通じて x の関数であるので，このことをはっきりさせる意味で，$\Delta(\boldsymbol{F}, \boldsymbol{G}; x)$ のように x の値を明記してある．指数関数の因子は決して 0 にならない．したがって，行列式 $\Delta(\boldsymbol{F}, \boldsymbol{G}; x)$ はつねに 0 であるか，決して 0 にならないかのいずれかである．この事情は，1 従属変数の 2 階微分方程式の場合と同じである．そこで，4-2 節で示したと同様に，次の定理が成立する．

<u>2 つの解 $\boldsymbol{F}, \boldsymbol{G}$ が 1 次従属であるための必要十分条件は $\Delta(\boldsymbol{F}, \boldsymbol{G}) = 0$ である．</u>
<u>独立であるための必要十分条件は $\Delta(\boldsymbol{F}, \boldsymbol{G}) \neq 0$ である．</u>

基本ベクトル (5.29) 式の 2 つの解からつくる行列式 Δ が 0 でないとき，これを**基本ベクトル**，あるいは**基本解**とよぶ．

いま，(5.29)式の解 Z_1, Z_2 を考えて，

$$Z_1 = \begin{pmatrix} z_{11} \\ z_{12} \end{pmatrix}, \quad Z_2 = \begin{pmatrix} z_{21} \\ z_{22} \end{pmatrix}$$

とする．ただし，この Z_1, Z_2 は $x=a$ で

$$Z_1(a) = \begin{pmatrix} 1 \\ 0 \end{pmatrix}, \quad Z_2(a) = \begin{pmatrix} 0 \\ 1 \end{pmatrix} \tag{5.34}$$

という初期条件を満たすものとする．この 2 つの解で行列式 $\Delta(Z_1, Z_2)$ をつくると，(5.33)から

$$\Delta(Z_1, Z_2; x) = \exp\left[\int_a^x (a_{11}+a_{22})dx\right] \neq 0 \tag{5.35}$$

となる（$\Delta(Z_1, Z_2; a)=1$ に注意せよ）ので，Z_1, Z_2 は 1 次独立であることがわかる．すなわち，初期条件(5.34)を満たす解は，(5.29)式の基本ベクトルを構成する．

レゾルベント行列 (5.34)を満たす(5.29)式の基本解 Z_1, Z_2 を並べてつくる 2×2 行列 $M(x; a)$，

$$M(x; a) = \begin{pmatrix} z_{11} & z_{21} \\ z_{12} & z_{22} \end{pmatrix} \tag{5.36}$$

は(5.29)式のレゾルベント行列である．

[証明] まず，$M(x; a)$ が(5.29)式を満たしていることを示す．行列の微分の定義から

$$\frac{d}{dx} M(x; a) = \begin{pmatrix} z_{11}' & z_{21}' \\ z_{12}' & z_{22}' \end{pmatrix}$$

である．$z_{jk} (j, k=1, 2)$ は(5.30)式で $f_1 \to z_{11}, \cdots, g_2 \to z_{22}$ とおいたものを満たすので，これを上式で考慮に入れると，

$$\frac{d}{dx} M(x; a) = \begin{pmatrix} a_{11}z_{11}+a_{12}z_{12} & a_{11}z_{21}+a_{12}z_{22} \\ a_{21}z_{11}+a_{22}z_{12} & a_{21}z_{21}+a_{22}z_{22} \end{pmatrix}$$

$$= \begin{pmatrix} a_{11} & a_{12} \\ a_{21} & a_{22} \end{pmatrix} \begin{pmatrix} z_{11} & z_{21} \\ z_{12} & z_{22} \end{pmatrix}$$

$$= AM(x; a) \tag{5.37}$$

となるので，$M(x; a)$ が(5.29)式を満たすことがわかる．また，

$$M(a;a) = \begin{pmatrix} 1 & 0 \\ 0 & 1 \end{pmatrix} = E \quad \text{(単位行列)}$$

は明らかである．そこで，定数ベクトル $\boldsymbol{P}$ に $M(x;a)$ をかけて，

$$\boldsymbol{Y}(x) = M(x;a)\boldsymbol{P} \tag{5.38}$$

とすると，

$$\frac{d}{dx}\boldsymbol{Y}(x) = \left[\frac{d}{dx}M(x;a)\right]\boldsymbol{P} = [AM]\boldsymbol{P} = A\boldsymbol{Y}$$

$$\boldsymbol{Y}(a) = M(a;a)\boldsymbol{P} = E\boldsymbol{P} = \boldsymbol{P}$$

となる．したがって，(5.38)によって(5.29)式の初期値解が得られることがわかる．すなわち，$M(x;a)$ はレゾルベント行列である．∎

行列の固有ベクトルと基本ベクトル　連立微分方程式を解く場合に，いちいち成分に分解して解を求めるのではなく，ベクトル形式のままで簡単に解を探す方法を説明しておこう．それには行列の理論，すなわち線形代数の理論が役に立つ(本コース第2巻『行列と1次変換』参照)．

例として

$$y_1' = 4y_1 + y_2, \quad y_2' = -3y_1$$

を取り上げよう．方程式を行列形式で書いて，

$$\boldsymbol{Y}(x) = \begin{pmatrix} y_1 \\ y_2 \end{pmatrix}, \quad \frac{d}{dx}\begin{pmatrix} y_1 \\ y_2 \end{pmatrix} = \begin{pmatrix} 4 & 1 \\ -3 & 0 \end{pmatrix}\begin{pmatrix} y_1 \\ y_2 \end{pmatrix} \tag{5.39}$$

とする．指数関数解を想定して

$$\boldsymbol{Y} = \boldsymbol{F}e^{kx} = \begin{pmatrix} F_1 \\ F_2 \end{pmatrix}e^{kx} \tag{5.40}$$

を(5.39)式に代入すると，

$$\begin{pmatrix} 4 & 1 \\ -3 & 0 \end{pmatrix}\begin{pmatrix} F_1 \\ F_2 \end{pmatrix} = k\begin{pmatrix} F_1 \\ F_2 \end{pmatrix} \tag{5.41}$$

となる．これは，線形代数の言葉でいえば，固有値方程式である．k は固有値で，$\boldsymbol{F}$ は固有ベクトルである．(5.41)式の右辺を左辺に移すと，

$$\begin{pmatrix} -k+4 & 1 \\ -3 & -k \end{pmatrix}\begin{pmatrix} F_1 \\ F_2 \end{pmatrix} = 0 \tag{5.42}$$

となるので，$\boldsymbol{F} \neq \boldsymbol{0}$ の固有ベクトルが存在する必要条件として，

$$\begin{vmatrix} -k+4 & 1 \\ -3 & -k \end{vmatrix} = k^2-4k+3 = (k-1)(k-3) = 0 \tag{5.43}$$

を得る．これから k が決まるので，(5.43)は特性方程式に相当する．これを解いて，ただちに $k=1,3$ を得る．k が決まると，固有ベクトル $\boldsymbol{F}$ が求まる．$k=1$ に対して，(5.42)は

$$\begin{pmatrix} 3 & 1 \\ -3 & -1 \end{pmatrix}\begin{pmatrix} F_1 \\ F_2 \end{pmatrix} = \begin{pmatrix} 3F_1+F_2 \\ -3F_1-F_2 \end{pmatrix} = 0$$

となるので，$F_2=-3F_1$ を得る．同様にして，$k=3$ に対して

$$\begin{pmatrix} 1 & 1 \\ -3 & -3 \end{pmatrix}\begin{pmatrix} F_1 \\ F_2 \end{pmatrix} = \begin{pmatrix} F_1+F_2 \\ -F_1-F_2 \end{pmatrix} = 0$$

から，$F_2=-F_1$ を得る．(5.18)式で示したように，一般解 $\boldsymbol{Z}(x)$ はこれらの解ベクトルの1次結合として表わせて

$$\boldsymbol{Z}(x) = c\begin{pmatrix} 1 \\ -3 \end{pmatrix}e^x + d\begin{pmatrix} 1 \\ -1 \end{pmatrix}e^{3x} \tag{5.44}$$

となる (c, d=任意定数)．

ここで，$x=0$ で(5.34)式を満たす基本ベクトルを求めておく．一般解(5.44)で $x=0$ とおいて，(5.34)を考慮すると

$$\boldsymbol{Z}_1(0) = \begin{pmatrix} c+d \\ -3c-d \end{pmatrix} = \begin{pmatrix} 1 \\ 0 \end{pmatrix}, \quad \boldsymbol{Z}_2(0) = \begin{pmatrix} c+d \\ -3c-d \end{pmatrix} = \begin{pmatrix} 0 \\ 1 \end{pmatrix}$$

となるので，それぞれについて c, d を解けば，基本解の組 $\boldsymbol{Z}_1, \boldsymbol{Z}_2$ を求めることができて，

$$\boldsymbol{Z}_1 = \frac{1}{2}\begin{pmatrix} 3e^{3x}-e^x \\ -3e^{3x}+3e^x \end{pmatrix}, \quad \boldsymbol{Z}_2 = \frac{1}{2}\begin{pmatrix} e^{3x}-e^x \\ -e^{3x}+3e^x \end{pmatrix}$$

を得る．レゾルベント行列 $M(x;0)$ は(5.36)式から

$$M(x;0) = \frac{1}{2}\begin{pmatrix} 3e^{3x}-e^x & e^{3x}-e^x \\ -3e^{3x}+3e^x & -e^{3x}+3e^x \end{pmatrix} \tag{5.45}$$

となる．

次に，特性方程式の解が2重解になる場合を考える．例として，

$$y_1' = 3y_1-4y_2, \quad y_2' = y_1-y_2 \tag{5.46}$$

を取り上げる．ベクトル形式で書けば，

$$Y' = \begin{pmatrix} 3 & -4 \\ 1 & -1 \end{pmatrix} Y \qquad (5.46')$$

これに指数関数解 $Y=Fe^{kx}$ を代入すると，固有値方程式は

$$\begin{pmatrix} 3 & -4 \\ 1 & -1 \end{pmatrix} \begin{pmatrix} F_1 \\ F_2 \end{pmatrix} = k \begin{pmatrix} F_1 \\ F_2 \end{pmatrix} \qquad (5.47)$$

あるいは，右辺を移項して

$$\begin{pmatrix} 3-k & -4 \\ 1 & -1-k \end{pmatrix} \begin{pmatrix} F_1 \\ F_2 \end{pmatrix} = 0 \qquad (5.47')$$

となる．これから特性方程式は

$$\begin{vmatrix} -k+3 & -4 \\ 1 & -k-1 \end{vmatrix} = k^2 - 2k + 1 = (k-1)^2 = 0$$

となるので，固有値は $k=1$ になる（2重解）．このように特性方程式が2重解を与える場合を，「固有値が縮退している」という．このとき，k の値は1通りしか決まらないので，これを(5.46')に代入しても，2つの基本ベクトルのうちの1つしか決まらない．

固有値が縮退している場合に1次独立な基本ベクトルを求めるには，特別なテクニックを必要とする．ここでは，定数変化法を使って，

$$Y(x) = F(x)e^x \qquad (5.48)$$

の形で，基本ベクトルを求めることにしよう．これを(5.46')に代入して $Y'=(F+F')e^x$ を用いると，

$$F' = \begin{pmatrix} 2 & -4 \\ 1 & -2 \end{pmatrix} F \qquad (5.49)$$

となる．これを成分にわけて，

$$F_1' = 2F_1 - 4F_2, \qquad F_2' = F_1 - 2F_2 \qquad (5.50)$$

が得られる．第1式から第2式の2倍を引き去ると，$(F_1-2F_2)'=0$ となるので，$F_1-2F_2=d=$（定数）を得る．これを(5.50)に入れて積分すれば，c を積分定数として，

$$F_1 = 2c + 2dx, \qquad F_2 = \frac{1}{2}(F_1 - d) = c + d\left(x - \frac{1}{2}\right) \qquad (5.51)$$

が得られる．これらを(5.48)に入れて，一般解は

$$Y = c\begin{pmatrix}2\\1\end{pmatrix}e^x + d\begin{pmatrix}2x\\x-1/2\end{pmatrix}e^x \tag{5.52}$$

となる.$x=0$で(5.34)の条件を満たすようにc,dを選ぶと,基本ベクトルZ_1,Z_2が求められて,

$$Z_1 = \begin{pmatrix}1+2x\\x\end{pmatrix}e^x, \quad Z_2 = \begin{pmatrix}-4x\\1-2x\end{pmatrix}e^x \tag{5.53}$$

となる.レゾルベント行列は,このZ_1,Z_2を(5.36)に代入して

$$M(x;0) = \begin{pmatrix}1+2x & -4x\\x & 1-2x\end{pmatrix}e^x \tag{5.54}$$

と書くことができる.

ここで,ベクトル形式による解法をまとめておこう.(5.29)式の解を(5.40)のようにおいて,

$$Y(x) = Fe^{kx} \tag{5.55}$$

と書くと,固有ベクトルFは

$$(A-kE)F = 0 \quad (E=単位行列) \tag{5.56}$$

を満足する.kは(5.56)が0でない解をもつ条件

$$\det|A-kE| = 0 \tag{5.57}$$

から求められる.もしkが2重解をもてば,固有ベクトルは

$$F = Gx+H \quad (G,H=定数ベクトル) \tag{5.58a}$$
$$(A-kE)G = 0, \quad (A-kE)H = G \tag{5.58b}$$

から決められる.

───────── 問 題 5-3 ─────────

1. (5.45)式で与えられるレゾルベント行列に対して,
$$M(x;a) = M(x;0)M(a;0)^{-1}$$

であることを示せ.

2. 次のベクトル微分方程式を解け.

(1) $Y' = \begin{pmatrix} -1 & 1 \\ 2 & 0 \end{pmatrix} Y$ (2) $Y' = \begin{pmatrix} 1 & 1 \\ 2 & 1 \end{pmatrix} Y$

(3) $Y' = \begin{pmatrix} 0 & 1 \\ 1 & 0 \end{pmatrix} Y$ (4) $Y' = \begin{pmatrix} 0 & 1 \\ -1 & 0 \end{pmatrix} Y$

(5) $Y' = \begin{pmatrix} 2 & 0 \\ 1 & 2 \end{pmatrix} Y$ (6) $Y' = \begin{pmatrix} 1 & 1 \\ -1 & 3 \end{pmatrix} Y$

3. 次の微分方程式(オイラー型)を解け.

(1) $xY' = \begin{pmatrix} 6 & 3 \\ 2 & 5 \end{pmatrix} Y$ (2) $xY' = \begin{pmatrix} 0 & 2 \\ 2 & 3 \end{pmatrix} Y$

(3) $xY' = \begin{pmatrix} -3 & 2 \\ -2 & 1 \end{pmatrix} Y$ (4) $xY' = \begin{pmatrix} 2 & 1 \\ -1 & 4 \end{pmatrix} Y$

5-4 連立方程式の一般論

前節の議論はほとんどそのまま n 元の連立1階微分方程式に適用することができる.

(5.6)式のタイプの方程式を考える.

$$\frac{dY}{dx} = AY + R \tag{5.59}$$

ここで, Y, R は n 成分の列ベクトル, A は $n \times n$ 行列であって, (5.5)式で与えられている. もちろん, A と R は与えられた関数であるとする. $x=a$ で

$$Y(a) = C \tag{5.60}$$

の初期条件が与えられると, 任意の x 点で $Y(x)$ が求められる. (ベクトル Y は n 成分であるので, (5.60)は n 個の初期パラメーターを与えたことに相当する.) このことを簡単な場合に示しておく. いま, Y はいくらでも微分できるとする. (5.60)によって $Y(a)$ が与えられているので, (5.59)から $[dY/dx]_{x=a}$ が決まる. 次に, (5.59)を微分して $x=a$ とおいて, これらの値を用いると, $[d^2Y/dx^2]_{x=a}$ も決まる. これを繰り返すことにより, Y の高次微係数をすべ

て決めることができる．一方，$x=a+\Delta x$ における Y の値は，テイラー展開によって，

$$Y(a+\Delta x) = \sum_{n=0}^{\infty} \frac{1}{n!} (\Delta x)^n \left[\frac{d^n Y}{dx^n}\right]_{x=a} \tag{5.61}$$

の形で書ける．右辺の値は初期条件から完全に決まっているので，$x=a$ から Δx だけ離れた点での Y の値が決まることになる．この値を使えば，さらに Δx だけ離れた点の Y を求めることができる．この操作を反復使用して，任意の点の Y が求められる．いいかえると，方程式(5.59)式の解は，初期条件(5.60)を与えれば決められることになる．

ここで初期値解が存在することの説明に，Y がいくらでも微分できることを使っているが，このことは(5.59)式の A や R が無限回微分可能であれば保証されている．しかし，このような連続微分可能性が保証されていなくても，一般には，

$$\frac{dY}{dx} = F(x, Y) \tag{5.62}$$

において，F が x や Y に関してリプシッツ連続(58ページ)であれば，初期値解が一意に存在することが知られている．また，F が x や Y について m 回微分可能であるときには，解が $m+1$ 回微分可能な関数であることもわかっている．

1次従属と1次独立　n 個の n 次元ベクトル $Y_1(x), Y_2(x), \cdots, Y_n(x)$ に関して1次従属と1次独立を次のように定義する．

ことごとくは0でない定数の組 $c_1, c_2, \cdots, c_n$ に対して，

$$\sum_{j=1}^{n} c_j Y_j(x) = c_1 Y_1(x) + c_2 Y_2(x) + \cdots + c_n Y_n(x) = 0 \tag{5.63}$$

が成立するとき，n 個のベクトル $Y_1(x), Y_2(x), \cdots, Y_n(x)$ は**1次従属**であるという．また，$c_1=c_2=\cdots=c_n=0$ のときにのみ(5.63)式が成立する場合を**1次独立**であるという．

連立方程式の n 個の解ベクトル $Y_1(x), Y_2(x), \cdots, Y_n(x)$ の各成分を並べて行列式をつくる．すなわち，Y_j の成分を

と書いて，行列式

$$\varDelta(Y_1, Y_2, \cdots, Y_n) = \det[y_{ji}(x)] \tag{5.65a}$$

$$= \begin{vmatrix} y_{11} & y_{21} & \cdots & y_{n1} \\ y_{12} & y_{22} & \cdots & y_{n2} \\ \multicolumn{4}{c}{\cdots\cdots\cdots\cdots\cdots} \\ y_{1n} & y_{2n} & \cdots & y_{nn} \end{vmatrix} \tag{5.65b}$$

$$Y_j = \begin{pmatrix} y_{j1} \\ y_{j2} \\ \vdots \\ y_{jn} \end{pmatrix} \quad (j=1, 2, \cdots, n) \tag{5.64}$$

を考える．

このように定義された行列式 $\varDelta(Y_1, Y_2, \cdots, Y_n)$ を用いれば，1次従属，ならびに1次独立は次のようにいうことができる．

$Y_1(x), Y_2(x), \cdots, Y_n(x)$ が **1次従属** のとき，

$$\varDelta(Y_1, Y_2, \cdots, Y_n) = \det[y_{ji}(x)] = 0$$

である．また，$\varDelta(Y_1, Y_2, \cdots, Y_n) \neq 0$ のとき，$Y_j(x)\,(j=1, 2, \cdots, n)$ は **1次独立** である．（証明は2成分の場合と同じなので省略．）

基本解 n 成分ベクトル変数 $Y(x)$ に対する斉次方程式

$$\frac{dY}{dx} = AY \tag{5.66}$$

の n 個の解を考えて，$Z_1, Z_2, \cdots, Z_n$ とする．これらは $x=a$ で

$$Z_1(a) = \begin{pmatrix} 1 \\ 0 \\ \vdots \\ 0 \end{pmatrix}, \quad Z_2(a) = \begin{pmatrix} 0 \\ 1 \\ \vdots \\ 0 \end{pmatrix}, \quad \cdots, \quad Z_n(a) = \begin{pmatrix} 0 \\ \vdots \\ 0 \\ 1 \end{pmatrix} \tag{5.67}$$

という初期条件を満たすものとする．すなわち，$Z_j(a)$ は第 j 成分だけが1で，あとはすべて0の列ベクトルである．この n 個の解がつくる行列式 $\varDelta(Z_1, Z_2, \cdots, Z_n) = \varDelta(x)$ を考えて x で微分する．行列式の微分は各行ごとに微分して加えればよいので，

$$\frac{d}{dx}\Delta(x) = \sum_{k=1}^{n} \begin{vmatrix} z_{11} & z_{21} & \cdots & z_{n1} \\ \cdots\cdots\cdots\cdots\cdots\cdots \\ z_{1k}' & z_{2k}' & \cdots & z_{nk}' \\ \cdots\cdots\cdots\cdots\cdots\cdots \\ z_{1n} & z_{2n} & \cdots & z_{nn} \end{vmatrix}$$

が成立する. (5.66)式のk成分を考えると,

$$z_{jk}' = \sum_{m=1}^{n} a_{km} z_{jm}$$

が任意のjについて成立するので, これを上式に代入して

$$\frac{d}{dx}\Delta(x) = \sum_{k=1}^{n}\sum_{m=1}^{n} a_{km} \begin{vmatrix} z_{11} & z_{21} & \cdots & z_{n1} \\ \cdots\cdots\cdots\cdots\cdots\cdots \\ z_{1m} & z_{2m} & \cdots & z_{nm} \\ \cdots\cdots\cdots\cdots\cdots\cdots \\ z_{1n} & z_{2n} & \cdots & z_{nn} \end{vmatrix}$$

となる. k行目の添字mに1からnまでの数を入れる場合, k以外の数を入れたものは必ず他の行のどれかと同じになる. 2つの行が等しい行列式は0であるので, 結局, mについての和のうちで$m=k$だけが消えずに残って

$$\frac{d}{dx}\Delta(x) = \left(\sum_{k=1}^{n} a_{kk}\right)\Delta(x)$$

が得られる. これをΔについて解いて,

$$\Delta(x) = \Delta(a)\exp\left[\int_a^x \left(\sum_{k=1}^{n} a_{kk}\right)dx\right]$$

となる. (5.67)を考慮すると, $\Delta(a)$は対角要素だけが1で残りの要素がすべて0の行列式であるので, $\Delta(a)=1$となって,

$$\Delta(\boldsymbol{Z}_1, \boldsymbol{Z}_2, \cdots, \boldsymbol{Z}_n) = \exp\left[\int_a^x \mathrm{tr}(A)dx\right] \tag{5.68}$$

を得る. ここで, $\mathrm{tr}(A) = \sum_{k=1}^{n} a_{kk}$は, 行列$A$の対角要素の和を意味していて, 行列の跡(せき), あるいはトレース(trace)とよばれる. (5.68)の右辺は決して0にならないので, $\Delta(\boldsymbol{Z}_1, \boldsymbol{Z}_2, \cdots, \boldsymbol{Z}_n) \neq 0$である. したがって, (5.67)を満たす$n$個の解$\boldsymbol{Z}_1, \boldsymbol{Z}_2, \cdots, \boldsymbol{Z}_n$は1次独立であって, 連立微分方程式(5.66)の基本解になっている.

いま，$Z_1, Z_2, \cdots, Z_n$ の1次結合を考えて，

$$Y(x) = \sum_{j=1}^{n} C_j Z_j(x) \tag{5.69}$$

とする．$Z_j(x)$ が (5.66) 式を満たしているので，$Y(x)$ も (5.66) の解である．この $Y(x)$ は，$x=a$ で

$$Y(a) = \sum_{j=1}^{n} C_j Z_j(a) = \begin{pmatrix} C_1 \\ C_2 \\ \vdots \\ C_n \end{pmatrix} = C \tag{5.70}$$

となる．逆に，(5.69)は初期条件(5.70)を満足する(5.66)の解であるといってもよい．このことに関連して，次の定理がある．

初期値解の一意性 (5.66)式の2つの解 $Y_1(x), Y_2(x)$ が，$x=a$ で同じ初期条件

$$Y_1(a) = Y_2(a) = \begin{pmatrix} C_1 \\ C_2 \\ \vdots \\ C_n \end{pmatrix} = C \tag{5.71}$$

を満たすとき，2つの解は等しい．すなわち，

$$Y_1(x) = Y_2(x) \tag{5.72}$$

[証明] 2つの解の差をとって，$G(x) = Y_1(x) - Y_2(x)$ とする．$G(x)$ は (5.66) の解であって，$x=a$ において

$$G(a) = Y_1(a) - Y_2(a) = \mathbf{0} \tag{5.73}$$

の初期条件を満たす．右辺の $\mathbf{0}$ はゼロベクトル，すなわちすべての成分が0のベクトルを表わしている．いま $G(x)$ を (5.67) を満たす基本解 $Z_1, Z_2, \cdots, Z_n$ の1次結合で表わして，

$$G(x) = \sum_{j=1}^{n} D_j Z_j(x) \tag{5.74}$$

と書くと，これと (5.73) から

$$G(a) = D = 0$$

となる．ただし，D は $(D_1, D_2, \cdots, D_n)$ を成分とする列ベクトルである．$D=0$

を(5.74)に入れて $G(x)=0$ を得る.すなわち, $Y_1(x)=Y_2(x)$ が結論される.∎

レゾルベント行列 2×2行列の場合をそのまま $n \times n$ の場合に拡張して,(5.67)式を満たす基本解 $Z_1, Z_2, \cdots, Z_n$ を並べて,レゾルベント行列 $M(x; a)$ をつくる.

$$M(x; a) = \begin{vmatrix} z_{11}(x; a) & \cdots & z_{n1}(x; a) \\ z_{12}(x; a) & \cdots & z_{n2}(x; a) \\ \cdots\cdots\cdots\cdots\cdots\cdots\cdots \\ z_{1n}(x; a) & \cdots & z_{nn}(x; a) \end{vmatrix} \quad (5.75)$$

ここで,行列 $M(x; a)$ の構成要素である基本解 $Z_1, Z_2, \cdots, Z_n$ が $x=a$ で初期条件(5.67)を満たしていることを示すために, z_{jk} の引数に a を書き加えて $z_{jk}(x; a)$ としてある. $x=a$ とすると,

$$z_{jk}(a; a) = \delta_{jk}$$

が成立する.ここで, δ_{jk} はクロネッカーの **δ 記号** (Kronecker's delta symbol)とよばれ, $j=k$ のときのみ 1 で, $j \neq k$ では 0 と約束されている.このレゾルベント行列を用いると,(5.69)は

$$Y(x) = M(x; a) Y(a) \quad (5.76)$$

と書くことができる.

レゾルベント行列の性質

(Ⅰ) E を単位行列とすると,
$$M(x; x) = E \quad (5.77)$$

(Ⅱ) 任意の x, y, z について,
$$M(x; y) M(y; z) = M(x; z) \quad (5.78)$$

(Ⅲ) 任意の x, y に対して,
$$M(x; y)^{-1} = M(y; x) \quad (5.79)$$

(Ⅳ)
$$\det [M(x; a)] = \Delta(Z_1, Z_2, \cdots, Z_n)$$
$$= \exp \left[\int_a^x \mathrm{tr}\,(A) dx \right] \neq 0 \quad (5.80)$$

(Ⅴ)
$$\frac{d}{dx} M(x; a) = A M(x; a) \quad (5.81)$$

(VI) $A=$ 定数行列の場合,任意の x, y に対して,
$$M(x; y) = M(x-y; 0) \tag{5.82}$$

非斉次方程式の解 非斉次方程式

$$\frac{d}{dx}\boldsymbol{Y} = A\boldsymbol{Y} + \boldsymbol{R} \tag{5.83}$$

の一般解は,対応する斉次方程式のレゾルベント行列を使って,定数変化法で求めることができる.すなわち,未知のベクトル関数 $\boldsymbol{F}(x)$ を導入して,

$$\boldsymbol{Y} = M(x; a)\boldsymbol{F}(x) \tag{5.84}$$

とする ($a=$ 任意定数).これを代入すると,(5.83) の左辺は

$$\text{左辺} = \left[\frac{d}{dx}M(x; a)\right]\boldsymbol{F} + M(x; a)\frac{d}{dx}\boldsymbol{F}$$

$$= [AM(x; a)]\boldsymbol{F} + M(x; a)\frac{d}{dx}\boldsymbol{F} = A\boldsymbol{Y} + M(x; a)\frac{d}{dx}\boldsymbol{F}$$

となる.ここで (5.81) を用いた.これを (5.83) の右辺と比べて,

$$M(x; a)\frac{d}{dx}\boldsymbol{F} = \boldsymbol{R}$$

レゾルベントの逆行列をかけて積分すると,

$$\boldsymbol{F}(x) = \int_a^x M(x'; a)^{-1}\boldsymbol{R}(x')dx' + \boldsymbol{C} \tag{5.85}$$

を得る.これに $M(x; a)$ をかけて,

$$M(x; a)M(x'; a)^{-1} = M(x; a)M(a; x') = M(x; x')$$

を用いると,非斉次方程式の一般解として

$$\boldsymbol{Y}(x) = \int_a^x M(x; x')\boldsymbol{R}(x')dx' + M(x; a)\boldsymbol{C} \tag{5.86}$$

が得られる.

例題 5.6 次の非斉次方程式の特解を求めよ.

$$\frac{d}{dx}\begin{pmatrix}y_1\\y_2\end{pmatrix} = \begin{pmatrix}4 & 1\\-3 & 0\end{pmatrix}\begin{pmatrix}y_1\\y_2\end{pmatrix} + \begin{pmatrix}e^{2x}\\1\end{pmatrix}$$

[解] 斉次項は 5-3 節の例,(5.39) と同じであるので,レゾルベント行列は

(5.45)を用いることができる．この逆行列を求めると，

$$M(x;0)^{-1} = \frac{1}{2}\begin{pmatrix} 3e^{-3x}-e^{-x} & e^{-3x}-e^{-x} \\ -3e^{-3x}+3e^{-x} & -e^{-3x}+3e^{-x} \end{pmatrix}$$

$$M(x;0)^{-1}\boldsymbol{R} = \frac{1}{2}\begin{pmatrix} -e^x+2e^{-x}+e^{-3x} \\ 3e^x-e^{-3x} \end{pmatrix}$$

となる．これを(5.84), (5.85)に入れて，

$$\boldsymbol{Y}(x) = \frac{1}{2}M(x,0)\begin{pmatrix} -e^x-2e^{-x}-\frac{1}{3}e^{-3x} \\ 3e^x+\frac{1}{3}e^{-3x} \end{pmatrix} = \begin{pmatrix} -2e^{2x}+\frac{1}{3} \\ 3e^{2x}-\frac{4}{3} \end{pmatrix}$$

が得られる．ここでは特解を求めているので $\boldsymbol{C}=0$ とした．∎

━━━━━━━━━━━━━━━━━━━━ 問 題 5-4 ━━━━━━━━━━━━━━━━━━━━

1. 例題 5-4 (151 ページ), 5-5 (152 ページ), 5-6 (168 ページ) の行列式 $\varDelta$ の x 依存性を求めよ．

2. 次の方程式を解き，レゾルベント行列 $M(x;x')$ を求めよ．
  (1) $y_1' = y_2, \quad y_2' = -y_1+2y_2$
  (2) $y_1'-2y_2'+4y_2 = 0, \quad 3y_1'-2y_2'-4y_1 = 0$

3. 次の非斉次方程式の特解を求めよ．
  (1) $\boldsymbol{Y}' = \begin{pmatrix} 1 & 4 \\ 1 & 1 \end{pmatrix}\boldsymbol{Y} + \begin{pmatrix} e^x \\ e^x \end{pmatrix}$　　(2) $\boldsymbol{Y}' = \begin{pmatrix} 3 & 1 \\ 2 & 2 \end{pmatrix}\boldsymbol{Y} + \begin{pmatrix} e^{2x} \\ 2e^x \end{pmatrix}$

━━━

第 5 章 演 習 問 題

[1] 次の連立方程式を解け．
  (1) $y_1' = -2y_2, \quad y_2' = -2y_1$　　(2) $y_1' = 2y_2, \quad y_2' = -2y_1$
  (3) $y_1' = 5y_1+3y_3, \quad y_2' = y_2, \quad y_3' = 2y_1+3y_2$
  (4) $y_1' = y_1+y_2, \quad y_2' = y_3, \quad y_3' = y_2$

[2] 次の微分方程式では特性方程式はすべて同じになる．それぞれの一般解を求めて比較せよ．

(1) $\begin{pmatrix} y_1' \\ y_2' \end{pmatrix} = \begin{pmatrix} a & 0 \\ 0 & a \end{pmatrix} \begin{pmatrix} y_1 \\ y_2 \end{pmatrix}$ (2) $\begin{pmatrix} y_1' \\ y_2' \end{pmatrix} = \begin{pmatrix} a & 1 \\ 0 & a \end{pmatrix} \begin{pmatrix} y_1 \\ y_2 \end{pmatrix}$

(3) $\begin{pmatrix} y_1' \\ y_2' \end{pmatrix} = \begin{pmatrix} 2a & a^2 \\ -1 & 0 \end{pmatrix} \begin{pmatrix} y_1 \\ y_2 \end{pmatrix}$ (4) $\begin{pmatrix} y_1' \\ y_2' \end{pmatrix} = \begin{pmatrix} 3a & 4a \\ -a & -a \end{pmatrix} \begin{pmatrix} y_1 \\ y_2 \end{pmatrix}$

[3] 次の連立方程式を解け．

(1) $\dfrac{dx}{dt} = x, \quad \dfrac{dy}{dt} = x - y$

(2) $\dfrac{dx}{dt} = \dfrac{1}{t}(x-t), \quad \dfrac{dy}{dt} = \dfrac{1}{t}(x+y)$

(3) $\dfrac{dx}{dt} = \cos t - 2y, \quad \dfrac{dy}{dt} = x - \sin t$

[4] 次の連立方程式を解け．

(1) $y_1' = y_1 + 2y_2 + e^x, \quad y_2' = 2y_1 + y_2 - 2e^x$

(2) $y_1' = y_1 + y_2 + x, \quad y_2' = -y_1 + 3y_2 + x^2$

(3) $y_1' = 2y_1 + y_2, \quad y_2' = 2y_2 + y_3, \quad y_3' = 2y_3 + e^{2x}$

[5] 連立方程式系(式(5.1a)〜(5.1c))を $t=0$ で $N_1 = N_0$，$N_2 = N_3 = 0$ の初期条件のもとで解け．パラメーター q_1, q_2, q_3 が，(1) すべて異なる場合，(2) すべてが等しい場合，(3) q_1 のみが異なる場合，(4) q_2 のみが異なる場合，(5) q_3 のみが異なる場合に分けて調べよ．

[6] 3個の同じ質量の質点が同じ強さのバネで輪状につながれているとすると，その変位と運動量，x_i, p_i $(i=1,2,3)$ は

$$m\frac{dx_1}{dt} = p_1, \quad \frac{dp_1}{dt} = k(x_2 + x_3 - 2x_1)$$

$$m\frac{dx_2}{dt} = p_2, \quad \frac{dp_2}{dt} = k(x_3 + x_1 - 2x_2)$$

$$m\frac{dx_3}{dt} = p_3, \quad \frac{dp_3}{dt} = k(x_1 + x_2 - 2x_3)$$

に従う．この方程式を解け．

18世紀の教授職さがし

　いまでも大学の先生になるのは厳しいが，18世紀は数学者たちにとってはもっと大変であったらしい．たとえば，ジャン・ベルヌイがグロニンゲン大学からバーゼル大学に移るときには，なんと数学ではなくギリシア語の教授に指名されている．しかし，たまたま兄のジャックが死んだために，運よくその後釜の数学教授に横滑りすることができた．その息子のダニエル・ベルヌイの場合はもっとひどい．彼は流体力学や三角級数，確率論などで有名な業績を残しているが，若くからパリ学士院の懸賞論文に10回も受賞した大数学者としても知られていた．それにもかかわらず，故郷のバーゼル大学（スイス）で教授職を見つけるのにずいぶん苦労をしている．

　もともとダニエルは変わった経歴の持ち主である．はじめ哲学と論理学を学び，ついで商売の修業に出されるが成功せず，親の許しを得て医学を専攻する．20歳のときにバーゼルに戻って，大学で解剖学の教授に応募するがクジ運が悪くて外れ，その後で論理学の教授の応募もしくじっている．そのうちに父や兄から教えこまれた数学の能力のほうを認められてペテルスブルグ学士院に招かれる．そこで数学と物理で不朽の業績を残し花を咲かせるが，不幸にもその地で兄ニコラウスの死に遭う．そのうえ気候の厳しさにも耐えかねて，バーゼルに戻るべく教授職に3度も応募しているがかなえられていない．32歳になって，やっと念願かなってバーゼル大学の教授になるが，それも数学や物理学ではなく，解剖学と植物学の教授としてである．実際に専門の物理学の教授になるのは50歳になってからである．それから76歳までこの職にあって活気のある講義で聴衆を魅了しつづけたといわれているが，あの大ベルヌイにしてこの有様とはなんとも信じられない話である．

微分方程式と相空間
―― 力学系の理論

力を加えると物体は運動をするが，そのときどんな動き方をするのだろうか．グルグルと回り出すのだろうか，遠くへ飛びさるだろうか，それとも定常運動状態に落ちつくのだろうか．こういったことを予測するのは，微分方程式の解の定性的な振舞いを知ることに関連している．いままでの勉強の応用問題の1つとして考えてみよう．

6-1 物体の運動と相空間

相空間 物体の運動を考える場合，ある時刻 t での位置 $x(t)$ と速度 $v(t)$ を指定すれば，その運動の状態は完全に決まる．そこで，この位置と速度を座標とする空間，すなわち (x, v) 空間を考えて**相空間**(phase space)という．運動の状態は，物体がこの相空間に占める点の座標として表わされる．物体が運動するにつれて，この点は相空間内を時間とともに移動して曲線を描く．この曲線を**解軌道**(trajectory，もしくは orbit)とよぶ．初期条件を与えることは，相空間内の1点を指定することである．したがって，初期値問題はこの点を通る解軌道を求めることに相当する．

[例1] 簡単な例として，質量 m の物体の1次元バネ運動を考える．もし減衰がなければ，物体の位置座標 x は

$$m\frac{d^2x}{dt^2} = -kx \tag{6.1}$$

の運動方程式で記述される(t は時間変数，$k>0$)．この解が三角関数で表わされることは，すでに第1章や第3章で見た．すなわち，一般解は

$$x = A\sin(\omega t + \phi), \quad \omega = \sqrt{\frac{k}{m}} \tag{6.2}$$

となる(A, ϕ＝任意定数)．これから物体の速度は

$$v = \frac{dx}{dt} = \omega A \cos(\omega t + \phi) \tag{6.3}$$

と与えられる．定数 A, ϕ は，$t=0$ における物体の位置と速度に関係していて，$x(0)=A\sin\phi$，$v(0)=\omega A\cos\phi$ から決められる．いま，$x_0=x(0)$，$v_0=v(0)$ とすると，それらは

$$A = \frac{1}{\omega}\sqrt{\omega^2 x_0^2 + v_0^2}, \quad \phi = \arctan\left(\frac{\omega x_0}{v_0}\right) \tag{6.4}$$

で与えられる．この解は周期 $T=2\pi/\omega$ の周期関数で，x-t，v-t のグラフは図6-1に示すようになる．

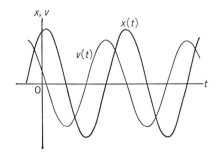

図6-1 1次元バネ運動の解: $x = A\sin(\omega t + \phi)$, $v = \omega A \cos(\omega t + \phi)$

 この運動を相空間に移して考えてみよう.もっとも,この例では変数はxとvの2変数であるので,相空間といわずに相平面とよぶことにする.相平面ではxとvの関係だけが問題となるので,変数tを消去する.(6.2)〜(6.3)式を用いると

$$\omega^2 x^2 + v^2 = \omega^2 A^2 \qquad (6.5)$$

が得られる.これをグラフで表わせば,図6-2で示す楕円になる.この楕円が解軌道である.解軌道はただ1個のパラメーターAを含むので,1パラメーター族をつくる.このパラメーターAは,初期値(x_0, v_0)を与えれば,(6.4)から決められる.当然のことであるが,

$$\omega^2 x_0^2 + v_0^2 = \omega^2 A^2$$

が満たされているので,初期値(x_0, v_0)に相当する点$\mathbf{P}_0$はこの楕円の上にあ

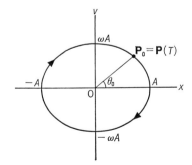

図6-2 1次元バネ運動の解軌道: $\omega^2 x^2 + v^2 = \omega^2 A^2$
点$\mathbf{P}(t)$はtとともに楕円上を時計回りに回転して,$t = T$で初期値点$\mathbf{P}_0 = (A\sin\phi, \omega A\cos\phi)$に戻る.

る．時間 t とともに $(x(t), v(t))$ を座標とする点 $\mathbf{P}(t)$ は，この楕円の上を動く．$dx/dt = v$ であるから，$v > 0$ では $dx/dt > 0$，すなわち x は時間 t とともに増加する．同様に，$v < 0$ では x は時間 t とともに減少する．このことは，相平面の楕円上を点 $\mathbf{P}(t)$ が時計回りに回転することを意味する．点 $\mathbf{P}(t)$ は，いくら時間がたってもこの楕円からはずれることなく，同じ運動を繰り返す．1周するのに要する時間が，その周期 $T = 2\pi/\omega = 2\pi\sqrt{m/k}$ である．そして，この楕円が x 軸を横切る点が最大振幅 A を与え，v 軸を横切る点が最大速度 ωA を与えている．$\mathbf{P}_0$ の初期位相 θ_0 は $\tan\theta_0 = v_0/x_0 = \omega \cot\phi$ で決まる． ▎

エネルギー保存則と解軌道　(6.5)式はいったい何を意味しているのだろうか．それを見るために，バネの弾性エネルギー($=kx^2/2$)と運動エネルギー($=mv^2/2$)の和，すなわちこの力学系の全エネルギーを計算してみよう．(6.2)～(6.3)から

$$\begin{aligned} E &= \frac{m}{2}v^2 + \frac{k}{2}x^2 \\ &= \frac{m}{2}\omega^2 A^2 \cos^2(\omega t + \phi) + \frac{k}{2}A^2 \sin^2(\omega t + \phi) \\ &= \frac{k}{2}A^2 = \text{定数} \end{aligned} \qquad (6.6)$$

を得る．ここで，全エネルギーを E と書いた．(6.6)式は，力学の言葉でいえば，エネルギーの保存則を表わしている．これを $m/2$ で割ったものが(6.5)式に相当する．このようにして，上の例では，解軌道はエネルギー保存則そのものに対応していることがわかった．自由度の数が大きくなると，エネルギー保存則は，解軌道に直接対応しなくなる．しかし，その場合でも解の存在範囲を与える．

例題 6.1　速度に比例して減衰するバネ運動

$$m\frac{d^2x}{dt^2} + m\nu\frac{dx}{dt} + kx = 0 \qquad (6.7)$$

の解軌道を求めよ．ただし，$\omega > \nu/2$ とせよ．

　[解]　この問題は例題3.6で扱ったのと同じになって，解は

$$x = A\cos(\Omega t + \phi)e^{-\nu t/2}, \quad \Omega = \sqrt{\omega^2 - \frac{1}{4}\nu^2}$$

$$v = \frac{dx}{dt} = -\frac{\nu}{2}x - \Omega A\sin(\Omega t + \phi)e^{-\nu t/2}$$

で与えられる (A, ϕ = 積分定数). この x と v を組み合わせると

$$\left(v + \frac{\nu}{2}x\right)^2 + \Omega^2 x^2 = \Omega^2 A^2 e^{-\nu t} \tag{6.8}$$

が得られる. いま, 新しい変数 x', v' を

$$x' = \frac{1}{\sqrt{2}}\left(x + \frac{1}{\omega}v\right), \quad v' = \frac{1}{\sqrt{2}}(v - \omega x)$$

で導入する. この座標変換によって (6.8) は

$$\frac{\omega^2 x'^2}{1 - \nu/2\omega} + \frac{v'^2}{1 + \nu/2\omega} = \omega^2 A^2 e^{-\nu t} \tag{6.8'}$$

と表わされる. これは, 図6-3で示すように, x-v 軸から45°だけ傾いた楕円である. 半径は $e^{-\nu t/2}$ に比例しているので, t とともに楕円は小さくなる. すなわち, 解は楕円を描きながら時間がたつと内側の楕円に落ちこんでいく. 具体的に解軌道を求めておこう. x と v の式を組み合わせると,

$$\frac{1}{x}\left(v + \frac{\nu}{2}x\right) = -\Omega\tan(\Omega t + \phi)$$

となるので, これから t を求めて (6.8) に代入すると,

$$\log\left[\left(v + \frac{\nu}{2}x\right)^2 + \Omega^2 x^2\right] = \frac{\nu}{\Omega}\arctan\left[\frac{v + \nu x/2}{\Omega x}\right] + \theta \tag{6.9}$$

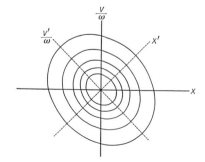

図6-3 (6.8)式のグラフ. 図中の楕円群は $\Delta t = \pi/2\omega$ の時間間隔で描かれている. 各楕円の長軸半径は $A\sqrt{1 + \nu/2\omega}\, e^{-\nu t/2}$, 短軸半径は $A\sqrt{1 - \nu/2\omega}\, e^{-\nu t/2}$ である.

を得る. ここで, θ は定数であって, 積分定数 A, ϕ と

$$\theta = \frac{\nu}{\Omega}\phi + 2\log\Omega A$$

によって結びついている. 図 6-4 に, $\nu/\omega = 0.2, 0.8$ の 2 つの例の解軌道が示されている. 解軌道は θ をパラメーターとする 1 パラメーター族をつくる.

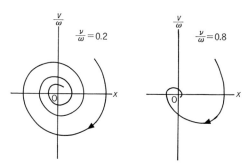

図 6-4 バネの減衰振動 (6.7) 式の解軌道 ($\nu/\omega = 0.2, 0.8$)

相平面における方程式 解軌道を求めるだけであれば, 解のくわしい表現を知っている必要はない. 例えば (6.1) 式を考えると, 連立方程式に書きかえて,

$$\frac{dx}{dt} = v, \quad \frac{dv}{dt} = -\frac{k}{m}x \qquad (6.10)$$

とする. 運動方程式をこのように書くと, 次のようにして相平面における点 (x, v) の運動が直接的に表現できる. いま, 独立変数 t をパラメーターと考えて, (6.10) から消去することにする. そのため,

$$\frac{dv}{dt} = \frac{dv}{dx}\frac{dx}{dt}$$

すなわち, これを書き直して

$$\frac{dv}{dx} = \frac{dv/dt}{dx/dt}$$

に注意して, (6.10) を用いると,

$$\frac{dv}{dx} = -\frac{k}{m}\frac{x}{v} \qquad (6.11)$$

を得る．変数分離型であるので，両辺に vdx をかけると

$$vdv + \omega^2 x dx = 0, \quad \omega^2 = \frac{k}{m}$$

となる．これを積分するとエネルギー保存則(6.5)を得る．したがって，解軌道は(6.11)の解曲線に相当していることがわかる．

時間 t とともに，解が相平面上をどのように動くかは，$dx/dt=v$ から決められる．すなわち，相平面の上半面($v>0$)では，$dx/dt>0$ であるので，解は x が t とともに増加するように解軌道上を動く．また，下半面($v<0$)では，x が t とともに減少するように動く(例えば図6-2を見よ)．(6.5)式を書きかえると，dx/dt は

$$\frac{dx}{dt} = v = \pm\omega\sqrt{A^2 - x^2}$$

となるので，周期 T は

$$T = \int_0^T dt = 2\int_{-A}^A \frac{dx}{\omega\sqrt{A^2-x^2}} = \frac{2\pi}{\omega} \tag{6.12}$$

で表わされる．ここで，t 積分は相平面上の楕円軌道に沿って1周するように行なうので，この間に x は $-A \to 0 \to A \to 0 \to -A$ の範囲で動くことを考慮して，x 積分は $-A \to A$ の範囲で行なって2倍した．また，積分のさいに公式 $\int dx/\sqrt{A^2-x^2} = \arcsin(x/A)$ を用いている．

例題 6.2 (6.7)式の解軌道を(6.11)式のように相平面における方程式に書き直して求めよ．

[解] 運動方程式(6.7)を x と v の連立方程式に書き直して，

$$\frac{dx}{dt} = v, \quad \frac{dv}{dt} = -\frac{k}{m}x - \nu v$$

と書いて，t を消去すると，

$$\frac{dv}{dx} = -\frac{1}{v}\left(\frac{k}{m}x + \nu v\right)$$

となる．$v/x=u$ とおいて右辺を整理すると同次型方程式を得る．

$$x\frac{du}{dx} = -\frac{1}{u}(\omega^2 + \nu u + u^2) \tag{6.13}$$

これは変数分離型であるので，2-1 節にならって

$$\int \frac{u\,du}{u^2+\nu u+\omega^2} + \int \frac{dx}{x} = 定数 = C \tag{6.14}$$

となる．第1項の被積分関数を積分しやすいように書き直す．

$$\frac{u}{u^2+\nu u+\omega^2} = \frac{(u+\nu/2)-\nu/2}{(u+\nu/2)^2+\Omega^2}$$

ここで，$\Omega^2 = \omega^2 - \nu^2/4$ としてある．積分公式

$$\int \frac{(u+\nu/2)\,du}{(u+\nu/2)^2+\Omega^2} = \frac{1}{2}\log\left[\left(u+\frac{\nu}{2}\right)^2+\Omega^2\right]$$

$$\int \frac{du}{(u+\nu/2)^2+\Omega^2} = \frac{1}{\Omega}\arctan\left(\frac{u+\nu/2}{\Omega}\right)$$

を用いると，(6.14)は

$$\log\left[\left(u+\frac{\nu}{2}\right)^2+\Omega^2\right] - \frac{\nu}{\Omega}\arctan\left(\frac{u+\nu/2}{\Omega}\right) + 2\log x = 2C$$

となる．$u=v/x$ を考慮して，$2C=\theta$ とおくと(6.9)が得られる．∎

例題 6.3 振動する外力による運動

$$m\frac{d^2x}{dt^2} = f_0 \sin \Omega t \qquad (f_0=定数) \tag{6.15}$$

の解軌道を求めよ．

［解］ m でわって，$F_0 = f_0/m$ とおくと，(6.15)式は

$$\frac{d^2x}{dt^2} = F_0 \sin \Omega t$$

となる．右辺の $F_0 \sin \Omega t$ を1回積分すると速度 v が得られて

$$v = v_0 - \frac{F_0}{\Omega}\cos \Omega t \tag{6.16a}$$

となる(v_0=積分定数)．これをさらに積分して，

$$x = v_0 t + x_0 - \frac{F_0}{\Omega^2}\sin \Omega t \tag{6.16b}$$

を得る(x_0=積分定数)．この式を組み合わせると，解軌道は

$$\Omega^2(x-v_0 t-x_0)^2 + (v-v_0)^2 = \frac{F_0^2}{\Omega^2} \tag{6.17}$$

で与えられる．これは楕円を表わすが，楕円の中心

$$x = v_0 t + x_0, \quad v = v_0 \tag{6.18}$$

は原点に静止していなくて，時間 t とともに直線 $v=v_0$ の上を動く．動く向きは v_0 の符号で決まっていて，$v_0>0$ ならば右向き，$v_0<0$ ならば左向きである．したがって，解軌道のグラフは中心が直線運動をしている楕円軌道になる．図 6-5 には，x 軸のスケールを Ωx に選んで，解軌道の例が示されている．$|v_0|$ と F_0/Ω の大小により解軌道の形は異なってくる．ちょうど $|v_0|=F_0/\Omega$ のときには，解軌道は**サイクロイド** (cycloid) とよばれる．サイクロイドは円輪がすべることなく直線上を回転したときに，円輪上の1点が描く軌跡である．

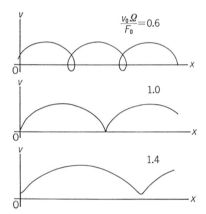

図 6-5 $md^2x/dt^2 = f_0 \sin \Omega t$ の
解軌道： $\Omega^2(x-v_0t-x_0)^2 +$
$(v-v_0)^2 = (f_0/m\Omega)^2$

━━━━━━━━━━━━━━━━━ **問　題 6-1** ━━━━━━━━━━━━━━━━━

1. 自由落下をしている物体の運動方程式は

$$\frac{dx}{dt} = v, \quad \frac{dv}{dt} = g \quad (g=\text{重力加速度})$$

で与えられる．この解軌道を求めよ．

2. 周期的な外力が作用しているときのバネ運動

$$m\frac{d^2x}{dt^2} + kx = f \sin \Omega t$$

の解軌道を求めよ．ただし，$\Omega^2 \neq \omega^2 = k/m$ （非共鳴）とする．

6-2 微分方程式と力学系

前節の物体のバネ振動の例では独立変数を t とし，相空間として (x, v) 平面を考えたが，力学の問題だけにかぎらず，この考え方は一般の微分方程式にとっても有効である．

以下では，独立変数を t ではなく，x と書こう．n 個の量 $Y_1, Y_2, \cdots, Y_n$ が x に依存するとして，その変化をまとめて

$$\frac{dY}{dx} = F(x, Y) \tag{6.19}$$

と書く．Y は $Y_1, Y_2, \cdots, Y_n$ を成分とする n 次元ベクトル，F も n 次元ベクトルとする．(6.19)式の解 $Y(x)$ が，n 次元空間 $(Y_1, Y_2, \cdots, Y_n)$ 内に描く曲線を**解軌道**とよび，独立変数の全領域 $0 \leqq x < \infty$ における解軌道の振舞いを調べる学問を微分方程式の**大域理論**という．また，この n 次元空間 $(Y_1, Y_2, \cdots, Y_n)$ を**相空間**(phase space)とよぶ．

$x=0$ で初期条件 $Y=Y_0$ を満たす微分方程式(6.19)の解を求めることは，(6.19)を満たし，かつ $x=0$ で $Y=Y_0$ を通る空間曲線 $Y(x)$ を見出すことである．相空間内の勝手な点 P_0 に置かれた粒子を想像し，独立変数 x を時間のように考えると，時間 x が増加するにつれ，この粒子は解軌道に沿って運動することになる．微分方程式(6.19)の解が，この粒子の時刻 x における位置座標を与える．そこで，微分方程式(6.19)の解を調べる問題を，相空間内における力学の問題になぞらえて，**力学系の理論**ということがある．相空間内の各点は，x の変化とともに，それぞれの点を通る解軌道の上を運動する．この軌道の集まりがつくる族を知れば微分方程式の大域的性質がわかることになる．

平衡点 相空間内の点 C において，

$$F(x, C) = 0 \tag{6.20}$$

を満たすとき，$Y=C$ は(6.19)の解になる．この点を相空間における**平衡点**という．いいかえると，平衡点は $F(x, Y)=0$ を満たす(6.19)の定数解である．

[例1] 前節で考えた物体のバネ運動の方程式(6.1)を(6.10)のように書きかえる。この例は(6.19)と異なって，x, v が従属変数，t が独立変数である。定数解 $x=v=0$ は平衡点になっている。▮

[例2] 天井からバネでつり下げた物体を考える。物体の質量を m，バネ定数を k，自然の長さからの伸びを x，重力加速度を g とすると，物体の運動方程式は

$$m\frac{d^2x}{dt^2} = -kx + mg \qquad (6.21)$$

となる。速度変数 v を用いて，(6.21)を連立方程式に書きかえると

$$\frac{dx}{dt} = v, \quad \frac{dv}{dt} = -\omega^2 x + g \quad \left(\omega^2 = \frac{k}{m}\right) \qquad (6.22)$$

となる。平衡点は，この式の右辺を 0 とおいたもの，

$$v = 0, \quad -\omega^2 x + g = 0$$

から決められて，$(x = g/\omega^2 = mg/k, \ v=0)$ となる。▮

力学的にいえば，平衡点は力のつりあった静止状態に対応している。単に力がつりあっただけでは，等速運動が可能な場合もあるが，これは相空間における平衡点ではない。次の例では，つりあいの状態は存在するが，平衡点はもたない。

[例3] 空気中の落下運動は(1.14)に従う。落下距離を x，落下速度を v，重力加速度を g，空気抵抗を ν とすると，運動方程式は

$$\frac{dx}{dt} = v, \quad \frac{dv}{dt} = -\nu v + g \qquad (6.23)$$

となる。この連立方程式を満足する定数解は存在しない。すなわち，右辺を同時に 0 にするような (x, v) は存在しない。じっさいに，例題 2.3 で示したように，

$$x = A - \frac{B}{\nu}e^{-\nu t} + \frac{g}{\nu}t \qquad (6.24a)$$

$$v = Be^{-\nu t} + \frac{g}{\nu} \qquad (6.24b)$$

となって，A, B をどのように選んでも，定数解は得られない。空気抵抗と重

力とがつりあった状態では，$-\nu v+g=0$ となるので，$v=g/\nu$ が得られるが，このとき物体は一定の速度で落下しつづけるので物体の平衡位置，すなわち平衡点は存在しない．図 6-6 のように，すべての解軌道は直線 $v=g/\nu$ に近づいていく．この直線 $v=g/\nu$ を極限軌道ということがある．∎

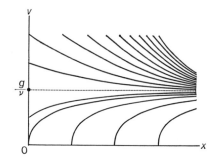

図 6-6 空気中の落下運動の解軌道：(6.24)

例題 6.4 次の方程式の解軌道を調べよ．

$$\frac{d^2y}{dx^2} = y - \frac{2}{A^2}y^3 \tag{6.25}$$

[解] 連立方程式になおして

$$\frac{dy}{dx} = z \tag{6.26a}$$

$$\frac{dz}{dx} = y - \frac{2}{A^2}y^3 = y\left[1 - 2\left(\frac{y}{A}\right)^2\right] \tag{6.26b}$$

を考える．この場合も相空間 (y,z) の次元数はやはり 2 次元であるが，平衡点は 1 個でなくて 3 個存在する．すなわち，この右辺を 0 とおくと

$$z = 0, \quad y\left[1 - 2\left(\frac{y}{A}\right)^2\right] = 0$$

となるので，これから 3 つの平衡点が求められる．

$$(y,z) = (0,0), \quad \left(\frac{A}{\sqrt{2}}, 0\right), \quad \left(-\frac{A}{\sqrt{2}}, 0\right)$$

解軌道は (6.26) から x を消去して得られる方程式

$$\frac{dz}{dy} = \frac{1}{z}\left(y - \frac{2}{A^2}y^3\right) \tag{6.27}$$

から求める．変数分離型であるので両辺にzdyをかけて積分すると

$$z^2 = y^2\left(1-\frac{y^2}{A^2}\right)+K \quad (K=積分定数) \qquad (6.28)$$

となる．この結果を図6-7に示す．平衡点では，(6.28)の積分定数Kは特別な値，$K=0$および$K=-A^2/4$をとる．$K<-A^2/4$では解軌道は存在しない．$0>K\geqq -A^2/4$の範囲では，解軌道は平衡点($\pm A/\sqrt{2}$, 0)のまわりを回る洋梨型の閉曲線になる．$K=0$のとき，平衡点$(0,0)$から出発して，平衡点($A/\sqrt{2}$, 0)，あるいは($-A/\sqrt{2}$, 0)を回り，ふたたびもとの平衡点にもどる涙滴型の解軌道が得られる．$K>0$のときには，解軌道はすべての平衡点の外側を周回する中央部で凹んだまゆ型の閉曲線になる．とくに$K=0$の涙滴型の解軌道は**分離曲線**(separatrix)になっていて，2つのタイプの解軌道を分けている．解は軌道上を矢印の向きに回る．

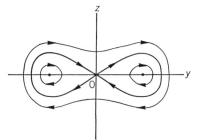

図6-7　$y''=y-2y^3/A^2$の解軌道：$y'^2=y^2(1-y^2/A^2)+K$　あるKに対して解軌道が1つ決まる．分離曲線($K=0$)の外側では$K>0$，内部では$0>K\geqq -A^2/4$となる．

例題 6.5　自由に回転することのできる単振り子(図6-8)の相空間における振舞いを論ぜよ．

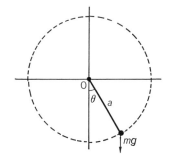

図6-8　回転振り子($m=$質点の質量，$g=$重力加速度)

[解] 振り子の棒の長さを a,おもりの質量を m,重力加速度を g,振れの角を θ とすると,運動方程式は

$$m\frac{d^2\theta}{dt^2} = -m\frac{g}{a}\sin\theta$$

である.回転の角速度を ω とすると,これは連立方程式

$$\frac{d\theta}{dt} = \omega \tag{6.29a}$$

$$\frac{d\omega}{dt} = -\Omega^2\sin\theta, \quad \Omega^2 = \frac{g}{a} \tag{6.29b}$$

に書き直すことができる.(6.29a)に $\Omega^2\sin\theta$ を,(6.29b)に ω をかけて足し算すると,

$$\frac{d}{dt}\left(\frac{1}{2}\omega^2 - \Omega^2\cos\theta\right) = 0$$

となるので,これを積分して

$$\frac{1}{2}\omega^2 - \Omega^2\cos\theta = \frac{E}{ma^2} = H \tag{6.30}$$

が得られる.ここで,E, H は定数である.これを書きかえると,

$$E = \frac{m}{2}(a\omega)^2 - mga\cos\theta \tag{6.31}$$

となるので,E は全エネルギーの意味をもつ.これから解軌道が求められる.図 6-9 に示すように,解軌道は E もしくは H の値によって分類される.これは,運動の様子が全エネルギーの値によって分類されることと同じである.振

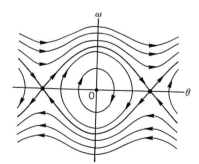

図 6-9 回転振り子の相空間:$H = \frac{1}{2}\omega^2 - \Omega^2\cos\theta$

H によって解軌道は分けられる.$H = \Omega^2$ は分離曲線,$H = -\Omega^2$ は安定平衡点,$-\Omega^2 < H < \Omega^2$ は閉軌道,$H > \Omega^2$ は開軌道に対応する.

り子が運動をするためには，E はおもりが最下点にあるときの位置エネルギー ($=-mga$) より大きくなければならない．このことは，$H=E/ma^2<-g/a=-\Omega^2$ のときには，(6.29) が実軌道を解にもたないことに対応する．E の値がおもりが最高点 ($\theta=\pi$) にあるときの位置エネルギーよりも小さければ，すなわち，$-mga<E<mga$ であれば，振り子は往復運動をする．これに対応して，$-\Omega^2<H<\Omega^2$ の範囲の H に対しては解軌道は閉曲線になる．解軌道が θ 軸と交わる点 $\theta=\theta_m$ は振り子の最大の振れの角を与える．ω 軸との交点は，振り子が最下点を通過するときの角速度を表わす．E の値が最大の位置エネルギーを超えて $E>mga$ となると，振り子は回転運動を始める．これは $H>\Omega^2$ に対応していて，$\theta=-\infty$ から $\theta=+\infty$ の範囲に広がった解軌道を与える．ちょうど $E=mga$ ($H=\Omega^2$) のときには，解軌道は $-\pi$ と π を結ぶ分離曲線になる．最下点，もしくは最高点の位置は振り子の平衡の位置なので，ある時刻にこの位置に静止させると，どれだけ時間がたってもこの位置にとどまっている．すなわち，平衡点である．じっさい，この点は (6.29) の右辺を 0 とおいて

$$\omega=0, \quad \sin\theta=0 \qquad (6.32)$$

から求められる．もちろん，振れの角 θ には 2π だけの任意性があるので，相空間での振舞いは θ に関して周期 2π で繰り返している．したがって，平衡点は (6.32) を解いて，

$$\omega=0, \ \theta=2n\pi, \quad \omega=0, \ \theta=(2n+1)\pi \qquad (6.33)$$

となる ($n=0, \pm1, \pm2, \cdots$)．この平衡点のうちで，$\theta=\pi\times$偶数 に相当したもの ($H=-\Omega^2$) は，振り子のおもりが最下点にあることに対応しているので安定な平衡点である．一方，$\theta=\pi\times$奇数 のもの ($H=\Omega^2$) は，おもりが最高点にあるときを表わしているので，不安定な平衡点を与える．∎

──────────────── 問 題 6-2 ────────────────

1. 次の方程式の解軌道を調べよ．

  (1) $y'=2z, \ z'=2y$ (2) $y'=z, \ z'=-4y$

(3) $y' = y-2z,\ z' = 2y-z$　　(4) $y' = 2y-z,\ z' = y-2z$

(5) $y' = y-z,\ z' = y+z$　　(6) $y' = -y-2z,\ z' = 2y-z$

6-3 自励系の解軌道

自励系　微分方程式(6.19)において，$\boldsymbol{F}(x, \boldsymbol{Y})$ が $\boldsymbol{Y}(x)$ を通してのみ x に依存するとき，すなわち $\boldsymbol{F}(x, \boldsymbol{Y}) = \boldsymbol{F}(\boldsymbol{Y})$ となるとき，

$$\frac{d}{dx}\boldsymbol{Y}(x) = \boldsymbol{F}(\boldsymbol{Y}(x)) \tag{6.34}$$

を**自励系**，または**自律系**(autonomous system)という．

[例 1]　$dx/dt = v,\ dv/dt + \omega^2 x = 0$ などは自励系であるが，外力が t 依存性をもつとき，例えば $dx/dt = v,\ dv/dt + \omega^2 x = F\sin\Omega t$ などは自励系ではない．∎

自励系(6.34)に関して次のような性質がある．

(I)　**一意性定理**．$\boldsymbol{F}(\boldsymbol{Y})$ が $\boldsymbol{Y}$ 空間(=相空間)においてリプシッツ連続のとき(58ページ)，その解の存在と一意性が保証される．

これは，自励系でなくても正しい(5-4節，163ページ参照)．

(II)　$\boldsymbol{Y}(x)$ が解であれば，$\boldsymbol{Y}(x+c)$ も解である($c=$定数)．

$$\frac{d\boldsymbol{Y}(x+c)}{dx} = \boldsymbol{F}(\boldsymbol{Y}(x+c)) \tag{6.35}$$

[証明]　c を定数とすると，$\boldsymbol{Z}(x) = \boldsymbol{Y}(x+c)$ に対して

$$\frac{d}{dx}\boldsymbol{Z}(x) = \frac{d}{dx}\boldsymbol{Y}(x+c)$$

$$= \frac{d}{d(x+c)}\boldsymbol{Y}(x+c) = \boldsymbol{F}(\boldsymbol{Y}(x+c)) = \boldsymbol{F}(\boldsymbol{Z}(x))$$

が成立する．∎

(III)　自励系において，1点を通る解軌道はただ1本にかぎる．

[証明]　点 C を通る解軌道が2本あったとする．それらに対応する解を $\boldsymbol{Y} = \boldsymbol{Y}^{(1)}(x),\ \boldsymbol{Y} = \boldsymbol{Y}^{(2)}(x)$ とする．仮定により，

$$Y^{(1)}(x_1) = Y^{(2)}(x_2) = C \qquad (x_1 \neq x_2)$$

が満たされる. $x_1 = x_2$ であれば, 解の一意性から $Y^{(1)}(x) = Y^{(2)}(x)$ となるので, 2本の解軌道は同じものになる. (6.35) で $c = x_2 - x_1$ とすると, $Z(x) = Y^{(2)}(x + x_2 - x_1)$ も (6.34) の解であって,

$$Z(x_1) = Y^{(2)}(x_1 + x_2 - x_1) = Y^{(2)}(x_2) = C$$

を満たしている. したがって, (I) から $Z(x) = Y^{(1)}(x)$ がいえて,

$$Y^{(2)}(x + x_2 - x_1) = Y^{(1)}(x)$$

となる. すなわち, 2つの解 $Y^{(1)}$ と $Y^{(2)}$ は同じ解軌道を表わす. x を決めれば 2つの解 $Y^{(1)}(x), Y^{(2)}(x)$ はこの軌道上で互いに離れた2点として表わされ, x とともに一方が動くあとを片方が追いかけていくことになる (図 6-10). ∎

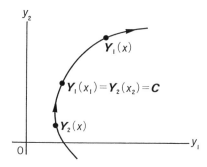

図 6-10 $Y_1(x), Y_2(x)$ の解軌道 ($Y_1(x_1) = Y_2(x_2) = C$)

(IV) 2本の解軌道は交わらない.

(V) 解軌道は平衡点でしか端をもたない. また, 平衡点に近づくのは $x = \pm\infty$ の極限においてである.

[証明] 解軌道がある点 C で端をもつとする. その点では x が変化しても, 解 $Y(x)$ は変化しないのであるから, $F(C) = 0$ でなければならない. すなわち, 端点 C は平衡点である. 一方, この点では $dY/dx = 0$ であるので, 解軌道が平衡点に近づくにつれてその速さはゼロに近づく. したがって, $Y(x \to \pm\infty) = C$ である. ∎

(VI) 端をもたない解軌道は, (1) 無限遠まで伸びているか, (2) 閉曲線を描くかのいずれかである.

(VII) 解が x の周期関数のとき，解軌道は閉曲線になる．逆に，解軌道が閉曲線であれば，解は周期関数である．

[証明] 周期を L とすると，周期解 $Y(x)$ は $Y(x+L)=Y(x)$ を満たすので，x が L だけすすむと，解軌道はもとの点にもどる．すなわち，解は閉じた軌道を描く．逆に，解軌道が閉曲線を描くときには，1周するごとに同じ初期条件が与えられるので，解は周期関数になる． ∎

周期解が相空間で描く閉曲線を**閉軌道**，または**サイクル** (cycle) という．

[例2] 6-1節の例1の解軌道はすべて閉軌道である．例題6.4や例題6.5では，それぞれ $0>K\geqq -A^2/4$ と $-\Omega^2<H<\Omega^2$ の範囲の軌道が閉軌道である． ∎

線形近似 自励系(6.34)が平衡点をもつとき，その平衡点の1つを C とする．この平衡点の性質を調べるために，その近傍での解の振舞いに注目する．そのため，

$$Y(x) = C + Z(x) \tag{6.36}$$

とおいて，(6.34)式の右辺を $Z(x)$ についてテイラー展開する．F および Z の成分を，それぞれ F_j, z_k と書くと $(j,k=1,2,\cdots,n)$，テイラー展開は

$$F_j(Y(x)) = F_j(C) + \sum_{k=1}^{n} z_k(x)\frac{\partial F_j(C)}{\partial C_k} + \cdots \tag{6.37}$$

となる．右辺の第1項は平衡点の定義により消える．C の近傍を考えているので，(6.37)の展開で Z に比例した項のみ残すと(6.34)は

$$\frac{\partial z_j(x)}{\partial x} = \sum_{k=1}^{n} \frac{\partial F_j(C)}{\partial C_k} z_k(x) \quad (j=1,2,\cdots,n) \tag{6.38}$$

となり，$z_j(x)$ に関する連立線形微分方程式を得る．この操作を**線形近似** (linear approximation) とよんでいる．

2次元平衡点の分類 (6.38)式は2次元系では，

$$\begin{pmatrix} z_1' \\ z_2' \end{pmatrix} = \begin{pmatrix} a & b \\ c & d \end{pmatrix} \begin{pmatrix} z_1 \\ z_2 \end{pmatrix} \tag{6.39}$$

の形になる．ここで，a,b,c,d は定数で

6-3 自励系の解軌道

$$a = \frac{\partial F_1}{\partial C_1}, \quad b = \frac{\partial F_1}{\partial C_2}, \quad c = \frac{\partial F_2}{\partial C_1}, \quad d = \frac{\partial F_2}{\partial C_2}$$

で与えられる．この系では平衡点は原点$(z_1=z_2=0)$にある．この平衡点の近傍で解軌道がどのように振る舞うかを，いくつかの典型的な例について調べてみよう．

[例3]
$$\boldsymbol{Z}' = \begin{pmatrix} z_1' \\ z_2' \end{pmatrix} = \begin{pmatrix} \frac{5}{3} & \frac{2}{3} \\ \frac{1}{3} & \frac{4}{3} \end{pmatrix} \begin{pmatrix} z_1 \\ z_2 \end{pmatrix} \tag{6.40}$$

これを解くために5-3節の手法を用いる．特性方程式は(5.57)式から

$$\begin{vmatrix} \frac{5}{3}-k & \frac{2}{3} \\ \frac{1}{3} & \frac{4}{3}-k \end{vmatrix} = k^2 - 3k + 2 = (k-1)(k-2) = 0$$

となるので，これから$k=1$と$k=2$を得る．固有ベクトルは，これらのkの値を(5.56)式に代入して，

$$F^{(1)} = \begin{pmatrix} 1 \\ -1 \end{pmatrix}, \quad F^{(2)} = \begin{pmatrix} 2 \\ 1 \end{pmatrix}$$

を得る．一般解は，a, bを定数として，$\boldsymbol{Z} = aF^{(1)}e^x + bF^{(2)}e^{2x}$，すなわち

$$\begin{pmatrix} z_1 \\ z_2 \end{pmatrix} = a\begin{pmatrix} 1 \\ -1 \end{pmatrix}e^x + b\begin{pmatrix} 2 \\ 1 \end{pmatrix}e^{2x} \tag{6.41}$$

で与えられる．z_1, z_2の適当な1次結合をとれば，

$$z_1 - 2z_2 = 3ae^x, \quad z_1 + z_2 = 3be^{2x} \tag{6.42}$$

とすることができる．したがって，解軌道は

$$z_1 + z_2 = \frac{b}{3a^2}(z_1 - 2z_2)^2 \tag{6.43}$$

と表わされる．これは，図6-11のように，斜交座標系

$$\xi = z_1 - 2z_2, \quad \eta = z_1 + z_2 \tag{6.44}$$

を用いると，原点に頂点をもった放物線群$\eta = \alpha\xi^2$ ($\alpha=$定数)になる．ηは，$b>0$のときxとともに増加し，$b<0$のとき減少する．したがって，解はこの軌道上を原点から離れる方向(矢印の方向)に動く．$a=0$のときは，解はη軸上を動

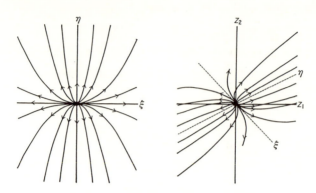

図 6-11 不安定結節点：(6.40)の解軌道
ξ-η 面における解軌道 ($\eta = \alpha\xi^2$) とこれに対応する z_1-z_2 面の解軌道を示す．

く．$b=0$ であれば，ξ 軸上を動く．このように，解軌道が平衡点にむかって集まるような場合，その平衡点を**結節点**(node)という．とくに，解の向き(矢印の向き)が外向きであれば，解は x とともに平衡点から遠ざかるように動くので，これを**不安定結節点**(unstable node)とよぶ．

[例4]
$$\begin{pmatrix} z_1' \\ z_2' \end{pmatrix} = \begin{pmatrix} -\dfrac{7}{3} & -\dfrac{4}{3} \\ -\dfrac{2}{3} & -\dfrac{5}{3} \end{pmatrix} \begin{pmatrix} z_1 \\ z_2 \end{pmatrix} \tag{6.45}$$

これは矢印の向きが内向きになった結節点の例である．この式を上の例のやり方にならって解いて，z_1, z_2 の1次結合をつくれば，

$$z_1 - 2z_2 = ae^{-x}, \quad z_1 + z_2 = be^{-3x} \tag{6.46}$$

を得る．これから x を消去すると，解軌道は

$$z_1 + z_2 = \frac{b}{a^3}(z_1 - 2z_2)^3 \tag{6.47}$$

と表わされる．これは(6.44)と同じ斜交座標系を用いれば，原点に変曲点をもった3次曲線群 $\eta = \alpha\xi^3$ となる(図6-12)．$x \to \infty$ で $\xi, \eta \to 0$ となるので，解は原点にむかって動く．このタイプの結節点は，解が平衡点に落ちつくように動くので，**安定結節点**(stable node)とよばれる．

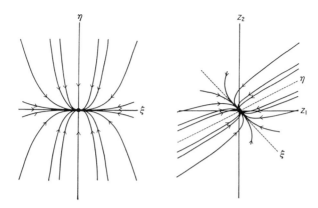

図 6-12 安定結節点：(6.45) の解軌道
ξ-η 面における解軌道 ($\eta = \alpha \xi^3$) とこれに対応する z_1-z_2 面の解軌道を示す．

[例 5]
$$\begin{pmatrix} z_1' \\ z_2' \end{pmatrix} = \begin{pmatrix} \dfrac{1}{3} & \dfrac{4}{3} \\ \dfrac{2}{3} & -\dfrac{1}{3} \end{pmatrix} \begin{pmatrix} z_1 \\ z_2 \end{pmatrix} \tag{6.48}$$

これは違ったタイプの平衡点の例を与える．これを解いて，
$$z_1 - 2z_2 = ae^{-x}, \qquad z_1 + z_2 = be^x \tag{6.49}$$
の関係式を得るので，x を消去して，
$$(z_1 + z_2)(z_1 - 2z_2) = ab \tag{6.50}$$
が得られる．(6.44) の ξ, η を用いれば，これは ξ 軸と η 軸を漸近線とする直角双曲線群 $\xi\eta = \alpha$ となる（図 6-13）．α の正負に応じて $x \to \infty$ で $\eta \to \pm\infty$ となるので，矢印の向きは図のようになる．このタイプの平衡点を**鞍状点**，または**鞍点** (saddle point) とよぶ．

[例 6]
$$\begin{pmatrix} z_1' \\ z_2' \end{pmatrix} = \begin{pmatrix} 1 & -2 \\ 1 & -1 \end{pmatrix} \begin{pmatrix} z_1 \\ z_2 \end{pmatrix} \tag{6.51}$$

これは解が三角関数で表わされる例である．すなわち，
$$z_1 = a\cos(x+\theta), \qquad z_2 = \frac{a}{2}[\cos(x+\theta) + \sin(x+\theta)]$$

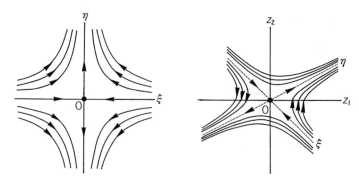

図 6-13 鞍状点: (6.48) の解軌道
ξ-η 面における解軌道 ($\xi\eta = \alpha$) とこれに対応する z_1-z_2 面の解軌道を示す.

が解を与える. そこで,

$$\xi = z_1, \quad \eta = z_1 - 2z_2 \tag{6.52}$$

で ξ, η を定義すると, $\xi^2 + \eta^2 = a^2$ となるので, 解軌道は ξ-η 座標系において同心円群になる (図 6-14). このような平衡点は渦心点 (center) とよばれる.

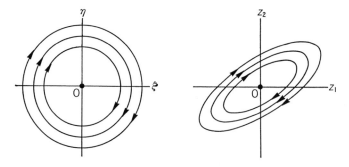

図 6-14 渦心点: (6.51) の解軌道
ξ-η 面における解軌道 ($\xi^2 + \eta^2 = a^2$) とこれに対応する z_1-z_2 面の解軌道を示す.

[例 7]
$$\begin{pmatrix} z_1' \\ z_2' \end{pmatrix} = \begin{pmatrix} 2 & -2 \\ 1 & 0 \end{pmatrix} \begin{pmatrix} z_1 \\ z_2 \end{pmatrix} \tag{6.53}$$

この解は

$$z_1 = a \cos(x+\theta) e^x, \quad z_2 = \frac{a}{2} [\cos(x+\theta) + \sin(x+\theta)] e^x$$

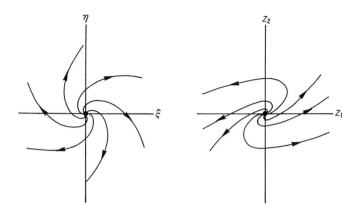

図 6-15 渦状点：(6.53)の解軌道

となるので，(6.52)の ξ, η を用いると，$\xi^2+\eta^2=a^2e^{2x}$ となる．解軌道は図 6-15 のような渦巻き型の曲線群（対数らせん）になる．このような平衡点は**渦状点**とよばれる．この場合には，$x\to\infty$ で $\xi,\eta\to\infty$ となるので，矢印は外向きにつける．すなわち，この例は不安定な渦状点を与える．┃

[例 8]
$$\begin{pmatrix} z_1' \\ z_2' \end{pmatrix} = \begin{pmatrix} 3 & -1 \\ 1 & 1 \end{pmatrix}\begin{pmatrix} z_1 \\ z_2 \end{pmatrix} \tag{6.54}$$

この例は特性方程式の解が 2 重解になる場合で，解は

$$z_1 = (a+2bx)e^{2x}+be^{2x}, \qquad z_2 = (a+2bx)e^{2x}-be^{2x}$$

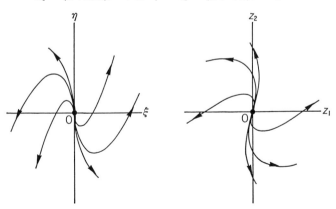

図 6-16 退化結節点：(6.54)の解軌道

と書ける．いま，$\xi = z_1 - z_2$，$\eta = z_1 + z_2$ とすると，$\xi = 2be^{2x}$，$\eta = 2(a+2bx)e^{2x}$ となる．この解軌道をグラフに描けば，図 6-16 のような結節点になる．この型の結節点をとくに**退化型**とよぶことがある．▌

[**例 9**]
$$\begin{pmatrix} z_1' \\ z_2' \end{pmatrix} = \begin{pmatrix} \dfrac{1}{3} & -\dfrac{2}{3} \\ -\dfrac{1}{3} & \dfrac{2}{3} \end{pmatrix} \begin{pmatrix} z_1 \\ z_2 \end{pmatrix} \tag{6.55}$$

この解は $z_1 = (a/3)e^x + 2b/3$，$z_2 = -(a/3)e^x + b/3$ で与えられるので，これらを組み合わせて

$$z_1 - 2z_2 = ae^x, \qquad z_1 + z_2 = b$$

となる．これから解軌道として，$z_1 + z_2 = b =$ 一定 が得られる．$z_1 = 2z_2$ のとき，もとの方程式の右辺はつねに 0 となるので，直線 $z_1 = 2z_2$ の上の点はすべて結節点となる．また，$x \to \infty$ で $z_1 - 2z_2 \to \infty$ となるので，それらは不安定結節点である（図 6-17）．本書ではこのような直線を**結節線**とよぶことにする．▌

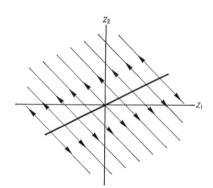

図 6-17　結節線：(6.55) の解軌道

上で示した典型的な例から，解軌道の振舞いは (6.39) 式の特性方程式の解の挙動で決定されることがわかる．すなわち，$z_1, z_2 \sim e^{kx}$ を (6.39) に代入して，特性方程式

$$\begin{vmatrix} -k+a & b \\ c & -k+d \end{vmatrix} = k^2 - (a+d)k + ad - bc = 0$$

をつくる．これから

$$k = \frac{1}{2}\{a+d \pm \sqrt{(a-d)^2+4bc}\}$$

したがって，判別式 $(a-d)^2+4bc$ が正ならば，k は実数，負ならば複素数である．また，

$$(a+d)^2 - \{(a-d)^2+4bc\} = 4(ad-bc)$$

であるから，判別式が正で $ad-bc>0$ ならば2根 k はともに正か，ともに負であり，$ad-bc<0$ ならば k は1つが正，他が負である．このようにして，平衡点を分類すると次のようになる．

I. $(a-d)^2+4bc>0$ のとき2実数解

　$ad-bc>0$ （2解が同符号）……結節点（図6-11, 12）
　　$k>0$：不安定，　$k<0$：安定
　$ad-bc<0$ （2解が異符号）……鞍状点（図6-13）
　$ad-bc=0$ （1解が0）……結節線（図6-17）

II. $(a-d)^2+4bc<0$ のとき共役複素解

　$a+d \neq 0$ （実数部 $\neq 0$）……渦状点（図6-15）
　　$a+d>0$：不安定，　$a+d<0$：安定
　$a+d=0$ （実数部 $=0$）……渦心点（図6-14）

III. $(a-d)^2+4bc=0$ のとき2重解……退化結節点（図6-16）

解軌道に矢印をつけるには，k の実数部の符号の正負に応じて，平衡点から外向きあるいは内向きにとる．実数部が0のときは，解軌道は渦心点を周回するが，その向きは z_1'（または z_2'）の符号から決める．

例題 6.6　次の方程式の平衡点をしらべて，解軌道の概略を描け．

$$y'' = y(A^2-y^2) \quad (A>0) \tag{6.56}$$

[解]　連立方程式の形で表わして，

$$y' = z, \quad z' = y(A-y)(A+y) \tag{6.57}$$

となる．これらの右辺を0とおくと，平衡点が求められて

$$(y, z) = (-A, 0), (0, 0), (A, 0) \tag{6.58}$$

となる．各点のまわりでテイラー展開を行なって線形化する．

(I) $(-A, 0)$ のとき．$y=-A+z_1$, $z=z_2$ を(6.57)に入れて線形化すると，
$$z_1' = z_2, \quad z_2' = -2A^2 z_1 \tag{6.59}$$
となる．第1式に $2A^2 z_1$ を，第2式に z_2 をかけて加え合わせると，
$$2A^2 z_1^2 + z_2^2 = 一定 = K \tag{6.60}$$
を得る．これから，この平衡点は渦心点であることがわかる．したがって，この近傍で解軌道は楕円群となる．

(II) $(0, 0)$ のとき．$y=z_1$, $z=z_2$ とおいて，
$$z_1' = z_2, \quad z_2' = A^2 z_1 \tag{6.61}$$
第1式に $A^2 z_1$ を，第2式に z_2 をかけて引き算すると，
$$A^2 z_1^2 - z_2^2 = 一定 = K \tag{6.62}$$
となって，この平衡点が鞍状点であることがわかる．この点の近傍で，解軌道は双曲線群になる．

(III) $(A, 0)$ のとき．$y=A+z_1$, $z=z_2$ とおいて(6.57)に入れると，(6.59)と同じ式を得る．したがって，平衡点は渦心点であり，この近傍で解軌道は楕円群となる．

次に，(6.57)式で第1式に $y(A-y)(A+y)$ を，第2式に z をかけて引き算すると，
$$yy'(A^2-y^2) - zz' = \frac{1}{2}\left\{A^2 y^2 - \frac{1}{2} y^4 - z^2\right\}' = 0$$
となるので，これを積分して
$$z^2 - y^2\left(A^2 - \frac{1}{2} y^2\right) = 一定 = j \tag{6.63}$$
が得られる．$j=0$ とおいて，$z=y'$ を考慮すると，(6.63)は y に関する微分方程式になって
$$y' = \pm y\sqrt{A^2 - \frac{1}{2} y^2} \tag{6.64}$$
と書ける．この解が
$$y = \pm\sqrt{2}\, A \operatorname{sech}(Ax+\theta) \tag{6.65}$$
となることは代入法により確かめられる．（直接(6.64)を変数分離法で積分し

ても同じ答えが得られる．各自試みてよ．）この解は，相空間の原点近傍で $A^2y^2 \cong z^2$ を満たすので，線形解(6.62)で $K=0$ としたものにつながる．この解軌道は，図6-18に示すように，分離曲線になって，3つの周期軌道を分けていることがわかる．（例題6.3の議論を参照せよ．）▌

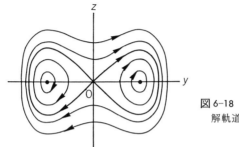

図6-18　$y'' = y(A^2 - y^2)$ の解軌道

線形化が適当でないケース　線形近似は，平衡点の解析において有力な手段であるが，場合によっては平衡点の性質が変わり，解の正しい性質が得られないことも起こる．ここでは，例として

$$y_1' = -y_2 - y_1(y_1^2 + y_2^2), \quad y_2' = y_1 - y_2(y_1^2 + y_2^2) \quad (6.66)$$

を取り上げる．

まず，これを平衡点 $y_1 = y_2 = 0$ のところで線形化して，$y_1 \cong z_1$, $y_2 \cong z_2$ とすると，

$$z_1' = -z_2, \quad z_2' = z_1 \quad (6.67)$$

となる．第1式に z_1 をかけ，第2式に z_2 をかけて加え，積分すると，

$$z_1^2 + z_2^2 = 一定 \quad (6.68)$$

を得るので，線形近似のもとでは，原点は渦心点型の平衡点になることがわかる．

次に，(6.66)式を解いて，線形近似による解と比べてみよう．(y_1, y_2)面で極座標 ρ, ϕ を導入すると，

$$y_1 = \rho \cos\phi, \quad y_2 = \rho \sin\phi \quad (6.69)$$

となる．これを(6.66)に代入すると，

$$\rho'\cos\phi - \phi'\rho\sin\phi = -\rho\sin\phi - \rho^3\cos\phi$$
$$\rho'\sin\phi + \phi'\rho\cos\phi = \rho\cos\phi - \rho^3\sin\phi$$

が得られる．これから，ρ' と ϕ' に対する方程式をつくると，

$$\rho' = -\rho^3, \quad \phi' = 1 \tag{6.70}$$

となる．これを積分して，

$$\int_R^\rho \rho^{-3}d\rho = -x, \quad \rho = \frac{R}{\sqrt{1+2R^2 x}} \tag{6.71}$$

$$\phi = x + \theta \tag{6.72}$$

を得る．ここで，$x=0$ で $\rho=R$，$\phi=\theta$ の初期条件をおいた．これを(6.69)に代入すれば，

$$\begin{aligned} y_1 &= \frac{R}{\sqrt{1+2R^2 x}}\cos(x+\theta) \\ y_2 &= \frac{R}{\sqrt{1+2R^2 x}}\sin(x+\theta) \end{aligned} \tag{6.73}$$

と書ける．この解軌道は，図 6-19 に示すように，渦巻き状の曲線となって $x\to\infty$ の極限で原点に近づく．すなわち，原点は渦状点になっている．この結果は線形近似で予想した結果(原点＝渦心点)とは明らかに異なっている．

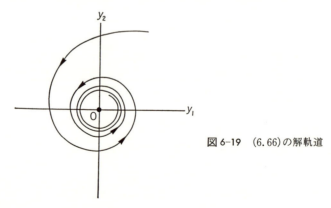

図 6-19　(6.66)の解軌道

　(6.66)式を見るかぎり，線形近似は $y_1{}^2 + y_2{}^2 \ll 1$ であれば正しい．このとき，(6.67)式の近似は成立しているはずである．(6.67)は単振動の方程式であって，解は

6-3 自励系の解軌道

で与えられる.ここで, r, θ は積分定数である.これを(6.73)と比べてみよう.形式的に比較すれば

$$y_1 = r\cos(x+\theta), \qquad y_2 = r\sin(x+\theta) \tag{6.74}$$

$$\rho = \frac{R}{\sqrt{1+2R^2x}} \cong r \tag{6.75}$$

であれば,線形近似が成り立つ.もし x が $2R^2x \ll 1$ の範囲にあれば, ρ の分母で R^2x に比例した項は1に比べて十分小さくなるので, ρ はほとんど一定であるとみなすことができる.この一定値を r とすれば,近似的に(6.74)が成立する.ところが, x が増えて $2R^2x \cong 1$ となると, ρ の x 依存性は無視できなくなる.すなわち,線形近似は成り立たなくなる.一方,(6.71)によれば, x が大きいところでは $\rho \cong 0$ となり解は平衡点に限りなく近づく.

このことは平衡点の近傍は線形近似でとらえられないことを意味している.このように,場合によっては線形近似が平衡点の性格を正しく反映しないことも起こりうる.

極限閉軌道(リミットサイクル) $x \to \infty$ で解軌道がある閉曲線に限りなく近づく場合がある.これを次の例で見てみよう.

$$y_1' = -y_2 + y_1(1-y_1{}^2-y_2{}^2) \tag{6.76a}$$
$$y_2' = y_1 + y_2(1-y_1{}^2-y_2{}^2) \tag{6.76b}$$

(6.66)式を解いたのと同じ方法で解くと簡単である.(6.69)の極座標表示を(6.76)に代入すると,

$$\rho' = \rho(1-\rho^2), \qquad \phi' = 1 \tag{6.77}$$

が得られる.これから直ちに次の2つの予想がたてられる.

(1) 解軌道は原点を左回りに周回する.($\phi'=1>0$ から明らか)
(2) $\rho(1-\rho^2)$ の符号からわかるように, $\rho<1$ のときには $\rho'>0$, $\rho>1$ では $\rho'<0$ となるので, $x \to \infty$ で解軌道は $\rho=1$ の円に巻きつきながら限りなく近づく.

これらのことを具体的に(6.76)式の解を求めることによって示す. ρ の方程式を積分すると

$$\int \frac{d\rho}{\rho(1-\rho^2)} = x+c \quad (c=\text{積分定数})$$

となる．積分を実行すると

$$\text{左辺} = \log\left(\frac{\rho}{\sqrt{|1-\rho^2|}}\right)$$

となるので，これを代入して

$$\rho = \frac{R}{[1+(R^2-1)(1-e^{-2x})]^{1/2}} \tag{6.78}$$

が得られる．ここで，$x=0$ で $\rho=R$ とした．ϕ の方程式から，

$$\phi = x+\theta \tag{6.79}$$

が得られる．ここで，$x=0$ で $\phi=\theta$ としている．解軌道のグラフを図6-20に示す．$\rho<1$ の領域から出た解軌道は，$x\to\infty$ の極限で，反時計方向に原点の周囲を回りながら $\rho=1$ の円に限りなく接近する．一方，$\rho>1$ における解軌道は，外側からこの円に巻きつき，$x\to\infty$ の極限で，

$$y_1 = \cos(x+\theta), \quad y_2 = \sin(x+\theta) \tag{6.80}$$

という周期運動が実現する．

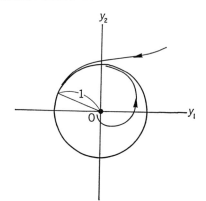

図6-20 極限閉軌道：(6.76)の解軌道

(6.76)を線形化すると，

$$y_1' = y_1 - y_2, \quad y_2' = y_1 + y_2 \tag{6.81}$$

となる．$y_1=y_2=0$ は平衡点であるが，特性方程式は $k^2-2k+2=0$ となって，

解は $k=1\pm i$ となる．これは渦状点であって，x の増加とともに解は原点から遠ざかるように動く．具体的に線形解を書き下すと
$$y_1 = Re^x \cos(x+\theta), \quad y_2 = Re^x \sin(x+\theta) \qquad (6.82)$$
となる．この例では，線形近似が平衡点近傍での解の振舞いを正しく表わしていることを見ておこう．すなわち，(6.82)を(6.78), (6.79)と比べてみる．(6.78)で $R \ll 1$ として R^2 の項を省略すると，
$$\rho = \frac{R}{[e^{-2x} + R^2(1-e^{-2x})]^{1/2}} \cong Re^x \qquad (6.83)$$
となる．これらを(6.69)に入れたものは(6.82)に一致する．

さて，(6.82)によれば，線形解は $x \to \infty$ で相平面上を原点から無限に遠ざかる．ところが，非線形項があると解は，上で述べたように，$\rho=1$ の単位円に収束するのである．この円軌道のことを**極限閉軌道**，もしくは**リミットサイクル** (limit cycle) とよんでいる．

$\rho<1$ の領域では，解軌道はすべて不安定軌道であるが，$\rho>1$ の領域では，解軌道はすべて外側から $\rho=1$ に集まるので安定軌道である．

線形近似の解軌道は，このリミットサイクルの半径を無限大にしたものだと見なしてよい．その反対に，リミットサイクルの半径を 0 にして，不安定領域をつぶした極限が(6.66)式の場合に相当する．一般に，リミットサイクルは円軌道でなくてもよい．$x \to \infty$ の極限で，解軌道が限りなくある閉曲線に限りなく接近する場合に，この閉曲線のことをリミットサイクルとよぶ．

―――――――――――――――― 問 題 6-3 ――――――――――――――――

1. 次の方程式の解軌道を求めよ．
   (1) $z_1' = 1$, $z_2' = z_1$　　(2) $z_1' = 1$, $z_2' = \cos z_1$
   (3) $z_1' = z_2$, $z_2' = z_1^2$　　(4) $z_1' = z_2$, $z_2' = z_1^3$
2. 連立方程式 $dx/dt = -y(1-y^2)$, $dy/dt = x(1-x^2)$ の平衡点の性質を調べよ．

第6章演習問題

[1] 次の方程式の平衡点を分類せよ．

(1) $z_1' = 3z_1 + z_2$
　　$z_2' = 2z_1 + 2z_2$

(2) $z_1' = 3z_1 + 2z_2$
　　$z_2' = 4z_1 + z_2$

(3) $z_1' = z_1 - 2z_2$
　　$z_2' = 3z_1 - 4z_2$

(4) $z_1' = 3z_1 - z_2$
　　$z_2' = z_1 + z_2$

(5) $z_1' = 2z_1 + z_2$
　　$z_2' = 4z_1 + 2z_2$

(6) $z_1' = z_1 - 2z_2$
　　$z_2' = z_1 - z_2$

(7) $z_1' = 2z_1 - z_2$
　　$z_2' = z_1 + 2z_2$

(8) $z_1' = -z_1 + 3z_2$
　　$z_2' = -z_1 - z_2$

[2] 次の方程式の平衡点を求め，その近傍の解の振舞いを論ぜよ．

(1) $z_1' = z_1 - 2z_2 + z_1 z_2$
　　$z_2' = 2z_1 - z_2 - z_1 z_2$

(2) $z_1' = z_1 + 2z_1^2 - z_2^2$
　　$z_2' = z_1 - z_2$

(3) $z_1' = z_1 + z_2^2$
　　$z_2' = z_1 - z_2$

(4) $z_1' = 2z_1 + 2z_2$
　　$z_2' = 2z_1 - z_2 - z_1^2$

(5) $z_1' = z_1 - z_2^2$
　　$z_2' = -z_1 + z_1^2$

(6) $z_1' = \sin z_1 + z_2$
　　$z_2' = \sin z_1 - 2z_2$

[3] ロジスティック方程式

$$\frac{dx}{dt} = ax - bx^2$$

の平衡点を分類せよ．また，相空間における解の挙動を調べよ．

[4] (1) 次の方程式の平衡点を分類せよ．ただし，a, b, c は負でないとする．

$$\frac{dx}{dt} = ax - bxy, \quad \frac{dy}{dt} = -cy + bxy$$

(2) この解が $x^c y^a e^{-b(x+y)} = $ 一定 の関係を満たすことを示せ．

(3) 解軌道の概略図を描け．

　[解説] この方程式は小魚と大魚の共存系をモデル化したもので，ロトカ・ボルテラ (Lotka-Voltera) 方程式とよばれている．ここで変数 $x(t)$ と $y(t)$ は，それぞれ小魚と大

魚の個体数を表わす．ここでは，小魚はより小さな生物を餌として一定の増殖率＝aで増え，大魚の餌になるので捕獲率byに比例して減るとされている．一方，大魚は餌の摂取率bxに比例して増殖し，一定の寿命＝$1/c$で減るものと仮定されている．

[5] (1) 次の方程式の平衡点を調べよ．
$$\frac{dx}{dt} = a - bxy, \quad \frac{dy}{dt} = -cy + bxy$$
ただし，a, b, cはすべて正の定数とし，x, yは正の領域で考えよ．

(2) 解軌道の概略図を描け．

[解説] これは伝染病などの流行の仕組みを説明するモデル方程式である．ここで，$x(t)$は未感染の個体数，$y(t)$は感染中の個体数を表わす．伝染病の発生地域が閉鎖されていない場合には，絶えず外部からの訪問者によって未感染個体数$x(t)$は単位時間あたり一定数だけ増えていく．この効果が係数aによって取り入れられている．病気の感染はxとyの接触によって起こるので，bxyは単位時間あたりの患者発生件数である．また，$-cy$の項は病気の単位時間あたりの治癒件数である．また，このモデルは伝染病だけでなく，ファッションの伝播や噂の伝達にも利用できる．

Coffee Break

カラーテレビの普及率

　第1章で，微分方程式の例としてロジスティック方程式((1.4)式)をあげた．これは個体数変化を記述するものであるが，この人口増加のモデルが耐久消費財の普及率の変化にも適用できるのである．例としてカラーテレビの普及率を取り上げてみよう．下図に，昭和41年から61年までの変化を経済企画庁の統計資料「消費動向調査」をもとに，●で示した．これに対して，ロジスティック方程式の初期値解((1.17)式)

$$t \text{ 年後の普及率} = \frac{AKe^{\mu t}}{K+A(e^{\mu t}-1)}$$

を使って描いた曲線もグラフの上に示してある．ここで定数 A, K は，初期値と飽和値が，それぞれ41年度と61年度の普及率に等しくなるようにとってある($A=1.8$, $K=98.7$)．また，増殖率 μ は41年度から50年度までの統計値をうまく再現できるように選んで，$\mu=0.736[\text{年}^{-1}]$ としてある．ロジスティック曲線が●にピッタリと一致しているのに驚くであろう．(白黒テレビの場合は，飽和に達するまでにカラーテレビ時代に突入したので，山型の曲線になる．)

　なぜ耐久消費財の普及率が，ロジスティック曲線で表わされるかはまだよく分かっていない．たんに消費者心理だけでなく，技術の進歩や商品の改良，経営戦略や販売活動など，さまざまな要因から細かく分析されなければならないだろう．

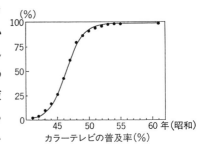

カラーテレビの普及率(%)

さらに勉強するために

本書の目的が初学者にたいして微分方程式の手ほどきを与えることにあったので、同じような入門書を何冊も読む必要はないであろう．そこで、初学者むきの入門書ははぶいて、今後の勉強の助けになるような教科書や参考書をあげることにする．常微分方程式の参考書は数が多い．入門や解説の類から特別なテーマに関するものまで、それぞれが工夫をこらし特徴をもっている．その意味では、この分野も目的や学習の段階に応じて、自分なりの本選びをする時代に入ったのかもしれないが、あえていくつかの書名をあげておく．以下にあげる書名は、全体のなかからある基準で選択したものではなくて、筆者個人の目にふれたときの印象によるものでしかないことをお断わりしておく．

微分方程式全般

最近、理工系むきの参考書でも、たんに解き方だけでなく、微分方程式の理論に重点をおいたものが目立つようになった．それは、いわゆる解の挙動を知ることが、自然の認識や応用において重要になってきたからである．そのなかから一般の学部学生むきの書物として

[1] 浅野功義・和達三樹：『常微分方程式』(理工学者が書いた数学の本2)，講談社(1987)

[2]　笠原晧司：『微分方程式の基礎』(数理科学ライブラリー 5)，朝倉書店(1982)

[3]　藤田宏：『解析入門Ｖ』(岩波講座基礎数学 解析学Ｉ)，岩波書店(1981)

などを挙げておく．これらは，微分方程式についてもうすこし先に進みたい人たちにとって適切であろう．それぞれ，内容の選択に工夫が見られ，少ない予備知識で読める配慮もなされている．[1]は，叙述は平明で初学者むきであるが，内容的には本書よりも豊富であり，かつ網羅的である．学部学生むきの入門書と断わってあるが，非理数系の学部学生にとってはそれ以上のもの．[2]は，理数系の学部学生むきの入門書を意識して平易に常微分方程式の基礎を解説している．[3]は，フーリエ級数，フーリエ変換，超関数の章も含まれていて，現代応用数学の平易な案内書もかねている．

常微分方程式の理論をもっと本格的(したがって数学的)に勉強してみたい人は，やはり基礎定理から始まる標準的な参考書に進むべきであろう．例えば，次のような書物は定評がある．

[4]　福原満洲雄：『常微分方程式(第 2 版)』(岩波全書)，岩波書店(1980)

[5]　吉田耕作：『微分方程式の解法(第 2 版)』(岩波全書)，岩波書店(1978)

[6]　ポントリャーギン(木村俊房監訳，千葉克裕訳)：『常微分方程式』，共立出版(1963)

[7]　コディントン・レビンソン(吉田節三訳)：『常微分方程式論』(上・下)，吉岡書店(1968, 1969)

などがある．[4],[5]は，微分方程式の一般的な参考書である．[6]は，ソビエトの書物らしく，説明がていねいで工学的な例も豊富である．[7]は，標準的な教科書．

特別なテーマ

微分方程式が，社会的な現象や企業戦略などでどのように応用されるかを説明したユニークな入門書が出ている．

[8]　佐藤總夫：『自然の数理と社会の数理Ｉ』，日本評論社(1984)

興味深い題材をネタにして力学系の理論のやさしい解説を与えている.

同じような趣向の本として, 題材を古典力学, 生態系, 交通流に選んだ教科書がある.

[9] ハーバーマン(竹之内脩監訳):『力学的振動の数学モデル』(熊原啓作訳),『個体群成長の数学モデル』(稲垣宣生訳),『交通流の数学モデル』(中井暉久訳)(数学モデル3部作Ⅰ,Ⅱ,Ⅲ), 現代数学社(1981)

応用数学入門として書かれているので, むずかしくはない. 微分方程式を実用的な立場から見たい人にすすめられる.

この本の第6章で行なった議論は, 基礎物理から電気, 通信工学, さらには生態系にいたる広い分野の学問で重要な意味をもつ. とくに, 非線形現象の研究の発展とからんで, いまや学界の最先端のトピックスになっている. この問題の研究は遠くポアンカレにまでさかのぼるが, この創始者の原著論文を紹介した本が出版されている.

[10] 斎藤利弥:『力学系以前 ポアンカレを読む』(数セミ・ブックス9), 日本評論社(1984)

やさしい解説とともに, 古くて新しい内容について原著の味わいを楽しませてくれる好著である.

とくに, 力学系の理論の代表的な書物として

[11] スメール, ハーシュ(田村一郎・水谷忠良・新井紀久子訳):『力学系入門』, 岩波書店(1976)

[12] 山口昌哉:『非線型現象の数学』(基礎数学シリーズ11), 朝倉書店(1972)

がある. [11]は, 常微分方程式の理論および有限次元線形作用素の理論を内容としている. [12]は, 生態系を例にとり, 非線形力学系の理論を扱っていて, 偏微分方程式系についても触れられている. いずれも, 内容的にはすこし高級で, 学部後半から大学院むけである.

最後に楽しい読み物をあげておく.

[13] 久賀道郎:『ガロアの夢 群論と微分方程式』, 日本評論社(1968)

大学1年生を対象に行なったゼミを再現したもの．予備知識は要らないとの前置きで始まるこの本は，先に進むにつれて数学の骨組みを紹介してくれる．微分方程式が求積法で解けるか解けないかは，人によってはつまらぬ問題かも知れぬが，それを代数的構造との関連でとらえると，新鮮な世界が開けてくる．数学づきたい新入生は一見してみるのも楽しい．

問題略解

第 1 章

第 1 章演習問題

[1] (1) $\log|\tan(x/2)|$. (2) $\log\left|\dfrac{1+\tan(x/2)}{1-\tan(x/2)}\right|$. (3) $\arctan x$.
(4) $\arcsin x$. (5) $\log(x+\sqrt{1+x^2})$. (6) $x(\log x - 1)$. (7) $(x-1)e^x$.
(8) $(x^3-3x^2+6x-6)e^x$. (9) $\sin x - x\cos x$. (10) $\cos x + x\sin x$.

[2] 省略.

[3] 省略.

[4] 省略.

第 2 章

問題 2-1 (C は任意定数をあらわす. 以下同様)

1. (1) $y=Ce^{-\mu x}$. (2) $x^2-y^2=C^2$. (3) $y=Ke^{\mu x}/(e^{\mu x}+C)$.
(4) $y=\arcsin(x^2/2+x+C)$. (5) $ye^y=Cxe^{-x}$.
(6) $y=\tan(x-\log|x+1|+C)$. (7) $y^3=Ce^{-(3/2)x^2}+1$ ($y^3=z$ とせよ).
(8) $y=C\cos x$.

2. $y=-\dfrac{a}{b^2}-\dfrac{a}{b}x+Ce^{bx}$ ($z=ax+by$ とすると, $z'=a+bz$ を得る).

問題 2-2

1. (1) $y=Cx^\alpha$. (2) $y=\pm\sqrt{2x^2+C}-x$. (3) $y=\pm\sqrt{Cx-x^2}$.

(4) $y=C\pm\sqrt{C^2-x^2}$.

2. $x=r\cos\theta$, $y=r\sin\theta$ から, $dx=dr\cos\theta-r\sin\theta d\theta$, $dy=dr\sin\theta+r\cos\theta d\theta$.
したがって, $y'=\dfrac{dy}{dx}=\dfrac{dr\sin\theta+r\cos\theta d\theta}{dr\cos\theta-r\sin\theta d\theta}=\dfrac{(dr/d\theta)\tan\theta+r}{dr/d\theta-r\tan\theta}$ となるので, これを $y'=f(y/x)=f(\tan\theta)$ に入れて, $\dfrac{dr}{d\theta}=r\dfrac{f(\tan\theta)\tan\theta+1}{f(\tan\theta)-\tan\theta}=rF(\theta)$. これを解いて, $r=C\exp\left[\int F(\theta)d\theta\right]$.

3. $2\arctan\dfrac{y+3}{x+1}+\log\{(x+1)^2+(y+3)^2\}=C$. (ヒント: $x=-1$, $y=-3$ を中心としたベルヌイらせん. $v=x+1$, $w=y+3$ とおいて, $\dfrac{dw}{dv}=\dfrac{w-v}{w+v}$ の同次型方程式に直して解け.)

4. $(x-r)^2+y^2=r^2$ (r: パラメーター)から, x軸上に中心をもち, y軸に接する円の集まり. 求める直交曲線族の方程式は $x^2+y^2-2Ry=0$ (R: 積分定数)となり, y軸上に中心をもち x軸に接する円の集まりを表わす. (与えられた円の接線の傾きは $\dfrac{r-x}{y}=\dfrac{y^2-x^2}{2xy}$. したがって, 直交曲線族は, $y'=-\left(\dfrac{y^2-x^2}{2xy}\right)^{-1}=\dfrac{2xy}{x^2-y^2}$ という同次型方程式をみたす.)

5. $x'=\alpha x$, $y'=\alpha y$ とおいたものも, $(x'+\alpha A)^2+y'^2=(\alpha A)^2$ を満たすので, 与えられた曲線族に属している. $\alpha>0$ は相似曲線, $\alpha<0$ は対称曲線に対応する.

問題 2-3

1. (1) $y=\dfrac{a}{\mu-\lambda}e^{\mu x}+Ce^{\lambda x}$ $(\mu\ne\lambda)$, $y=(ax+C)e^{\lambda x}$ $(\mu=\lambda)$.

(2) $y=Ce^{-x^2/2}+a(x^2-2)$. (3) $y=C\exp(-\sqrt{1+x^2})$.

(4) $y=Ce^{-\sin x}+2(\sin x-1)$. (5) $y=\dfrac{x^2}{Cx+1}$.

(6) $y=\left(\dfrac{3}{8}x+\dfrac{C}{x^3}\right)^{1/6}$.

2. (1) $y=x+\dfrac{1}{x^2-2x+2+Ce^{-x}}$. (2) $y=x^2+\dfrac{1}{x+1+Ce^x}$.

3. 例題 2.12 を参照.

$E(t)=V\sin\omega t$ のとき $I(t)=\dfrac{\omega VL}{\omega^2 L^2+R^2}\left(\dfrac{R}{\omega L}\sin\omega t-\cos\omega t+e^{-Rt/L}\right)$.

$E(t)=V$ のとき $I(t)=\dfrac{V}{R}(1-e^{-Rt/L})$.

問題 2-4
1. (1) $x^2+3y^2+8xy=C$. (2) $y\cos x=C$. (3) $x^2e^y+x+y^2=C$.
(4) $x^4+x^3y-3xy^3-y^4=C$. (5) $ye^{x/y}=C$. (6) $3x^4+12x^4y^3+4y^3=C$.
2. (1) $e^x\cos y=C$ ($\mu=e^x$. μ は積分因子). (2) $x^3+3x^2y=C$ ($\mu=x^2$).
(3) $xy^3-x^2y^2+y^4=C$ ($\mu=y$). (4) $\dfrac{1}{xy^3}+\dfrac{1}{2x^2y^2}+\dfrac{1}{4y^4}=C$ $\left(\mu=\dfrac{1}{x^3y^5}\right)$.

問題 2-5
1. (1) $y=Cx-C(1+C/4)$, 特異解 $y=(x-1)^2$. (2) $y=Cx-\log C$, 特異解 $y=1+\log x$. (3) $y=Cx+\sqrt{1+C^2}$, 特異解 $y=\sqrt{1-x^2}$. (4) $y=Cx+1/C$, 特異解 $y^2=4x$. (5) $y=\sqrt{2Cx-x^2}$ (ラグランジュ型で $f(p)=0$ の場合). (6) $y=-C/x+C^2$, 特異解 $y=-1/4x^2$. (7) p をパラメーター, $y=-\dfrac{2}{3}p^2+\dfrac{2C}{p}$, $x=-\dfrac{4}{3}p+\dfrac{C}{p^2}$, 特異解 $y=0$. (8) p をパラメーター, $y=\dfrac{p^2}{3}-C\sqrt{p}$, $x=\dfrac{2}{3}p+\dfrac{C}{\sqrt{p}}$, 特異解 $y=0$.
2. $x^{2/3}+y^{2/3}=a^{2/3}$. (ヒント：求める曲線上の点を (x,y) とし，その点での接線の勾配を $p=y'$ とすると，接線は x 軸および y 軸とそれぞれ $x-y/p$, $y-px$ で交わる．したがって，座標軸ではさまれた接線の長さは，$\sqrt{1+p^2}|x-y/p|$ と表わせる．これを a に等しいとおいて，曲線を表わす方程式として，$y=xp\pm ap/\sqrt{1+p^2}$ を得る．このクレロー方程式を解けばよい．)
3. $y=cx-e^c$ を c で微分すると，$0=x-e^c$ となるので，これを解いて $c=\log x$. もとの方程式に代入して $y=x(\log x-1)$ を得る．

第 2 章演習問題
[1] (1) $y=ae^{x^4}$. (2) $x(1+y^2)=a$. (3) $y=\dfrac{a+(x+1)^2}{a-(x+1)^2}$, 特異解 $y=1$.
(4) $(x+1)(y+1)=a$. (5) $e^{x^2}+e^{-y^2}=a$.
(6) $\sin y-y\cos y=\log|x|-\dfrac{1}{x}+a$.

[2] (1) $y=-\dfrac{x}{\log|x|+a}$, 特異解 $y=0$. (2) $y=ax^3+\dfrac{1}{ax}$, 特異解 $y=\pm 2x$.
(3) $y=2x\sin(\log|x|+a)$, 特異解 $y=\pm 2x$.

(4) $\tan\dfrac{y-x}{x}=\log x^2+a$, 特異解 $y=\left\{\left(n+\dfrac{1}{2}\right)\pi+1\right\}x$ $(n=0,\pm 1,\pm 2,\cdots)$.

(5) $\sin\dfrac{y-x}{x}=ax$, 特異解は $a=0$ に相当.

(6) $3(y-2x+1)^2-(3x-1)^2=a$, 特異解は $a=0$ に相当.

(7) $4(y+1)^2+(y+2x-1)^2=a^2$, 特異解は存在しない.

[3] (1) $y=ae^{-x^2}+2$. (2) $y=(a+x)e^{-x^2}$. (3) $y=(a+x)e^{-x}$.

(4) $y=ae^{-\cos x}+2(1-\cos x)$. (5) $y=\dfrac{1}{a-x}e^{-x}$. (6) $y^2=\dfrac{1}{a+2x}e^{x^2}$.

(7) $y=-\dfrac{ka+b}{1+k^2}\cos x+\dfrac{a-kb}{1+k^2}\sin x+Ce^{kx}$.

[4] $\sin y=ae^{-x}+x-1$ または $y=\arcsin(ae^{-x}+x-1)$.

[5] (1) $xy^2=a$. (2) $x^4+x^2y+y^3=a$. (3) $e^{3x}y^3-x^3y=a$.

(4) $xye^x=a$ $(\mu=e^x)$. (5) $\dfrac{x}{y}-y^2=a$ $(\mu=y^{-2})$.

(6) $x^4+4x^3y^2=a$ $(\mu=x^2)$. (7) $(x+y+1)e^{-y}=a$ $(\mu=e^{-y})$.

(8) $2x^3y^2-\dfrac{1}{x}y^4=a$ $(\mu=x^{-2})$. (9) $3x^4\dfrac{1}{y^2}+\log x^2+3y^2=a$ $(\mu=2x^{-1}y^{-4})$.

[6] (1) $y=cx-c^3/3$, 特異解 $9y^2=4x^3$. (2) $y=\sqrt{2ce^x+1}$, 特異解 $y=0$.

(3) $y=\pm\dfrac{2}{c}\sqrt{1+cx}$, 特異解 $y=0$. (4) パラメーター表示で $x=Cp^{-a/(a-1)}-\dfrac{bc}{1+(a-1)b}p^{b-1}$, $y=axp+cp^b$, 特異解 $y=0$.

[7] 44 ページの議論にならって,(2.25)の特解を $u(x)$ とし $y=u(x)+z(x)$ とせよ. $z(x)$ は $k=2$ のベルヌイ方程式をみたすのでこれを解いてやればよい. $z=w^{-1}$ とすると $w(x)=k(x)+ch(x)$ の形に表わせる (c は積分定数). ただし,$(hx)=\exp\left[\int(2u(x)p(x)+q(x))dx\right]$, $k(x)=h(x)\int^x(p(x')/h(x'))dx'$. これを y に代入せよ.

第 3 章

問題 3-1

1. (3.14) で $y=e^{\lambda x}z(x)$ とおくと,$z''+2\lambda z'=0$ を得る. $z'=u$ とすれば,$u'+2\lambda u=0$ を解いて $u=Ae^{-2\lambda x}$ が得られる (A は定数). $z=\int udx+a=-\dfrac{A}{2\lambda}e^{-2\lambda x}+a$ となるので,

$y = ae^{\lambda x} - \dfrac{A}{2\lambda} e^{-\lambda x}$ を得る。ここで $A = -2\lambda b$ とすればよい。

2. (1) $y = e^x(a \sin 2x + b \cos 2x)$.　(2) $y = ae^x + be^{-5x}$.
(3) $y = e^{x/2}(a \sin (3x/2) + b \cos (3x/2))$.　(4) $y = ae^x + be^{-4x}$.
(5) $y = e^{-3x/2}(a \sin (x/2) + b \cos (x/2))$.　(6) $y = ae^x + be^{-2x/3}$.

問題 3-2

1. (1) $y = ae^{3x} + be^{5x}$.　(2) $y = (ax+b)e^{4x}$.　(3) $y = e^{4x}(a \sin 4x + b \cos 4x)$.
(4) $y = ae^x + be^{3x/2}$.　(5) $y = e^{5x/4}\left(a \sin \dfrac{\sqrt{7}}{4}x + b \cos \dfrac{\sqrt{7}}{4}x\right)$.
(6) $y = ae^{-\alpha x} + be^{-\beta x}$ $(\alpha \neq \beta)$, $y = (ax+b)e^{-\alpha x}$ $(\alpha = \beta)$.

問題 3-3

1. (1) $y = ae^{3x} + be^{4x}$.　(2) $y = ae^{2x} + be^{4x}$.　(3) $y = (ax+b)e^{4x}$.
(4) $y = ae^{\alpha x} + be^{\beta x}$ $(\alpha \neq \beta)$, $y = (ax+b)e^{\alpha x}$ $(\alpha = \beta)$.　(5) $y = ax + \dfrac{b}{x}$.
(6) $y = ax + bx^\alpha$ $(\alpha \neq 1)$, $y = ax + bx \log |x|$ $(\alpha = 1)$.
(7) $y = ax^\alpha + bx^\beta$ $(\alpha \neq \beta)$, $y = ax^\alpha + bx^\alpha \log |x|$ $(\alpha = \beta)$.
(8) $y = a(1+x) + be^x$.

2. $y'' - (a+b)y' + aby = 0$ $(p = -(a+b), q = ab)$.

問題 3-4

1. (1) $-1/4$.　(2) $-x/4$.　(3) $-\dfrac{1}{5} \sin x$.　(4) $-\dfrac{1}{5} \cos x$.　(5) $\dfrac{x}{4} e^{2x}$.
(6) $-\dfrac{x}{4} e^{-2x}$.

問題 3-5

1. 省略.
2. (1) $-\left(\dfrac{1}{8} + \dfrac{x}{4} + \dfrac{x^2}{4}\right) - \dfrac{1}{5} \sin x$.　(2) $-\dfrac{19}{32} + \dfrac{3}{8}x - \dfrac{x^2}{4} - \dfrac{1}{10} \sin x + \dfrac{1}{10} \cos x$.
(3) $-2 + x + x^2 - \dfrac{1}{2} x \cos x$.

第3章演習問題

[1] (1) $ae^x + be^{-x}$. (2) $ae^x + be^{3x}$. (3) $(a+bx)e^{-x}$. (4) $(a+bx)e^{2x}$.
(5) $e^{3x}(a\cos 2x + b\sin 2x)$. (6) $ae^{x/3} + be^{-x}$.

[2] (1) $a\cos x + b\sin x$. (2) $a\cos 3x + b\sin 3x$. (3) $e^{-x}(a\cos x + b\sin x)$.
(4) $e^{-x}(a\cos 3x + b\sin 3x)$. (5) $e^{-x/2}(a\cos(x/2) + b\sin(x/2))$.
(6) $e^{x/2}(a\cos(x/2) + b\sin(x/2))$.

[3] (1) $-x$. (2) $e^{2x}/3$. (3) $-\dfrac{1}{2}\sin x$. (4) $-\dfrac{x^2}{3} - \dfrac{4}{9}x - \dfrac{14}{27}$.
(5) $e^{2x}/5$. (6) $-\dfrac{1}{4}\cos x + \dfrac{1}{10}\sin x$. (7) $\dfrac{x}{5} + \dfrac{2}{25}$. (8) $e^x/4$.
(9) $\dfrac{1}{10}\cos x + \dfrac{1}{5}\sin x$.

[4] (1) $\left(a + \dfrac{x}{2}\right)e^x + be^{-x}$. (2) $\left(a - \dfrac{x}{2}\right)\cos x + b\sin x$.
(3) $\left(a + \dfrac{x^2}{4} - \dfrac{x}{4}\right)e^x + be^{-x}$. (4) $\left(a - \dfrac{x^2}{4}\right)\cos x + \left(b + \dfrac{x}{4}\right)\sin x$.
(5) $\left(a - \dfrac{2}{5}\cos x - \dfrac{1}{5}\sin x\right)e^x + be^{-x}$. (6) $\left(a - \dfrac{2}{5}e^x\right)\cos x + \left(b + \dfrac{1}{5}e^x\right)\sin x$.
(7) $\left(a - \dfrac{4}{17}\cos x - \dfrac{1}{17}\sin x\right)e^x + be^{-3x}$. (8) $e^x\left\{\left(a - \dfrac{x}{2}\right)\cos x + b\sin x\right\}$.

[5] (1) $e^{3x} - e^x$. (2) $e^{-x}(2\sin x + \cos x)$. (3) $e^x - x$. (4) $\sin x + \cos x + x$.

第 4 章

問題 4-1

1. (1) $\log x$. (2) x^2. (3) $x\log x$. (4) $\dfrac{1}{x}$. (5) $\dfrac{\sin x}{x}$. (6) e^x.

問題 4-2

1. (1) $a + bx^2 + x^2\log x$. (2) $ax + bx^3 + x(x-1)e^x$.
(3) $\dfrac{a}{x} + bx^2 + \dfrac{1}{3}x^2\log x$. (4) $\dfrac{a}{x} + bx + \dfrac{x^3}{2} + \dfrac{x^5}{12}$.

2. $f'' + pf' + qf = 0$ ①, $g'' + pg' + qg = 0$ ②. ここで②×f−①×g をつくると, $\dfrac{d}{dx}W(f,g) + pW(f,g) = 0$ となるので, $p = -\left(\dfrac{d}{dx}W(f,g)\right)\Big/W(f,g) = -\dfrac{d}{dx}\log$

$W(f,g)$ を得る．また，②$\times f' -$①$\times g'$ をつくると，$W(f',g')-qW(f,g)=0$ から，$q=W(f',g')/W(f,g)$ である．

問題 4-3

1. (1) $ax+bx\log x$.　(2) $ax+bx^3$.　(3) ax^2+bx^3.
(4) $ax^m+bx^m\log x$.

2. (1) $(x-a)^2+y^2=b^2$.　(2) $y=1+\dfrac{1}{ax+b}$. （いずれも (4.29) 式のタイプの方程式であることに注意せよ．）

3. (1) $y=\dfrac{1}{x}(a\sin x+b\cos x)$.　(2) $y=ae^{(x+1)^2/2}+be^{(x-1)^2/2}$.　(3) $y=a\sin\dfrac{1}{x^2}+b\cos\dfrac{1}{x^2}$.　(4) $y=a\sin t+b\sin t$, $t=\log(x+\sqrt{x^2-1})$.　((1),(2)は従属変数の変換，(3),(4)は独立変数の変換を行なえ．)

問題 4-4

1. (1) $y=\left(c_0+\dfrac{3}{4}\right)\displaystyle\sum_{n=2}^{\infty}\dfrac{(2x)^n}{n!}+2\left(c_0+\dfrac{1}{2}\right)x+c_0=ae^{2x}-\dfrac{x}{2}-\dfrac{3}{4}$　$\left(a=c_0+\dfrac{3}{4}\right)$.

(2) $y=c_1x+x^2$.　(3) $y=c_0e^{x^2}+c_1\displaystyle\sum_{n=0}^{\infty}\dfrac{2^n x^{2n+1}}{(2n+1)(2n-1)\cdots 3\cdot 1}$.

(4) $y=c_1x-c_0\displaystyle\sum_{n=0}^{\infty}\dfrac{x^{2n}}{2n-1}$.

(5) $y=c_0\left(1+4x^2+\dfrac{8}{3}x^4\right)+c_1\left\{x+\dfrac{3}{2}x^3+3\displaystyle\sum_{n=2}^{\infty}\dfrac{(-1)^n(2n-3)(2n-5)\cdots 3\cdot 1}{2^n n!}x^{2n+1}\right\}$.

(6) $y=c_0\left[1+\displaystyle\sum_{j=1}^{\infty}(-1)^j\dfrac{1}{(3j)!}\{1\cdot 4\cdots(3j-2)\}^2 x^{3j}\right]$
$+c_1\left[x+\displaystyle\sum_{j=1}^{\infty}\dfrac{(-1)^j}{(3j+1)!}\{2\cdot 5\cdots(3j-1)\}^2 x^{3j+1}\right]$.

問題 4-5

1. 省略．

2. (1) $\dfrac{a}{x}+b\displaystyle\sum_{n=0}^{\infty}\dfrac{(-1)^n}{(n+1)!}x^n=\dfrac{1}{x}(a+b-be^{-x})$.

(2) $a\sqrt{x}\displaystyle\sum_{n=0}^{\infty}(-1)^n\dfrac{x^{2n}}{(2n+1)!}+b\dfrac{1}{\sqrt{x}}\displaystyle\sum_{n=0}^{\infty}(-1)^n\dfrac{x^{2n}}{(2n)!}=\dfrac{1}{\sqrt{x}}(a\sin x+b\cos x)$.

(3) $\dfrac{a}{x^2}\left(1-x+\dfrac{x^2}{2}\right)+bx\displaystyle\sum_{n=0}^{\infty}\dfrac{(-1)^n}{(n+3)!}x^n=\dfrac{1}{x^2}\left\{(a+b)\left(1-x+\dfrac{x^2}{2}\right)-be^{-x}\right\}$.

(4) $\dfrac{a}{x}+b\left(1+2x+\dfrac{4}{3}x^2\right)$.

第4章演習問題

[1] $p=-\dfrac{2(2x^2-3)}{x(2x-3)},\quad q=\dfrac{12(x-1)}{x(2x-3)}$.

[2] (1) $ax+bx^3$. (2) $(a+b\log x)x^2$. (3) $ax+\left(b+\dfrac{1}{2}\log x\right)x^3+\dfrac{1}{3}x^4$.

(4) $(a+b\log x)x^2+x^3+\dfrac{1}{4}x^4$. (5) $ax+bx^3-(x^3-3x)\sin x-3x^2\cos x$.

(6) $(a+b\log x)x^2+\dfrac{1}{2}x^2(\log x)^2+\dfrac{1}{6}x^2(\log x)^3$.

[3] (1) $(a\sin 2x+b\cos 2x)x^2$. (2) $(ae^x+be^{-x})e^{-x^2/2}$.

(3) $(ax+b)/\sqrt{x^2+1}$. (4) $a\sin(e^{2x}/2)+b\cos(e^{2x}/2)$.

(5) $a\sin 2t+b\cos 2t$, ただし $t=\log(\sqrt{1+x^2}+x)$.

(6) $a\sin(x^2/2)+b\cos(x^2/2)$.

[4] (1) x^2+x+3. (2) $(4x^3-42x^2+150x-183)e^{3x}$.

[5] (1) $a\left\{1+\displaystyle\sum_{n=1}^{\infty}\dfrac{(2n)!}{n!^2}\left(\dfrac{x}{4}\right)^n\right\}+b\sqrt{x}\left\{1+\displaystyle\sum_{n=1}^{\infty}\dfrac{n!^2}{(2n+1)!}(4x)^n\right\}$.

(2) $a\displaystyle\sum_{n=0}^{\infty}\dfrac{(-x)^n}{(2n)!}+b^2\sqrt{x}\displaystyle\sum_{n=0}^{\infty}\dfrac{(-x)^n}{(2n+1)!}$.

[6] $n=0$ のとき, $y=a+b\displaystyle\sum_{m=0}^{\infty}\dfrac{1}{m!}\dfrac{x^{2m+1}}{2m+1}=a+b\displaystyle\int_0^x e^{x^2}dx$. $n=1$ のとき, $y=ax+b\left(1-\displaystyle\sum_{m=1}^{\infty}\dfrac{1}{m!}\dfrac{x^{2m}}{2m-1}\right)=ax+b\left(e^{x^2}-2x\displaystyle\int_0^x e^{x^2}dx\right)$. $n=2$ のとき, $y=a(1-2x^2)+b\left(x-\displaystyle\sum_{m=1}^{\infty}\dfrac{1}{m!}\dfrac{x^{2m+1}}{(2m+1)(2m-1)}\right)=a(1-2x^2)+\dfrac{b}{2}\left\{xe^{x^2}+(1-2x^2)\displaystyle\int_0^x e^{x^2}dx\right\}$.

[7] $x=1-z$ とおくと, $\dfrac{d}{dx}=-\dfrac{d}{dz}$, $\dfrac{d^2}{dx^2}=\dfrac{d^2}{dz^2}$ から, ガウスの微分方程式は $z(1-z)\dfrac{d^2y}{dz^2}+\{(a+b-c+1)-(a+b+1)z\}\dfrac{dy}{dz}-aby=0$ となる. これはもとの式とくらべると, $c\to a+b-c+1$, $x\to z$ とおいたものになっている. すなわち, 解は(4.69)でこのようなおきかえをすればよい.

[8] ヒント: (1) $\log(1+x)=x-\dfrac{x^2}{2}+\dfrac{x^3}{3}+\cdots+(-1)^{n-1}\dfrac{x^n}{n}+\cdots$ を使え. (2) $(1+x)^a=1+ax+\dfrac{a(a-1)}{2}x^2+\cdots+\dfrac{1}{n!}a(a-1)\cdots(a-n+1)x^n+\cdots$ を使え. (3) 一般項の x^{n+1} より大きなベキの係数が 0 になることを示せ.

第 5 章

問題 5-1

1. $y_1' = y_2$, $y_2' = -qy_1 - py_2$.

2. (1) $\dfrac{d}{dx}U = \begin{pmatrix} 0 & 1 \\ 1 & 0 \end{pmatrix} U$.   (2) $\dfrac{d}{dx}V = \begin{pmatrix} 1 & 0 \\ 0 & -1 \end{pmatrix} V$.

3. $u'' - \dfrac{p'}{p}u' - \left(\lambda^2 - \lambda \dfrac{p'}{p} + pq\right)u = 0$, $v'' - \dfrac{q'}{q}v' - \left(\lambda^2 + \lambda \dfrac{q'}{q} + pq\right)v = 0$.

問題 5-2

1. (1) $y_1 = \dfrac{1}{4}(3e^x + e^{-3x})$, $y_2 = \dfrac{3}{4}(e^x - e^{-3x})$.

(2) $y_1 = -2e^{-x}\sin x$, $y_2 = e^{-x}(\sin x + \cos x)$.

(3) $y_1 = e^{-x}$, $y_2 = e^{-x} - e^{-2x}$, $y_3 = 2(-1+x)e^{-x} + 2e^{-2x}$.

(4) $y_1 = \dfrac{3}{5}e^{-3x} + e^x - \dfrac{3}{5}e^{2x}$, $y_2 = \dfrac{1}{2}e^{-3x} - \dfrac{1}{2}e^x$, $y_3 = \dfrac{9}{10}e^{-3x} - \dfrac{1}{2}e^x + \dfrac{3}{5}e^{2x}$.

問題 5-3

1. ヒント：2×2 行列の逆行列の定義から (5.45) 式の逆行列を求めて，$M(x;0)M(a;0)^{-1}$ を計算したものが $M(x-a;0)$ となることを示せばよい．

2. (1) $ae^{-2x}\begin{pmatrix} 1 \\ -1 \end{pmatrix} + be^x\begin{pmatrix} 1 \\ 2 \end{pmatrix}$.   (2) $ae^{(1+\sqrt{2})x}\begin{pmatrix} 1 \\ \sqrt{2} \end{pmatrix} + be^{(1-\sqrt{2})x}\begin{pmatrix} 1 \\ -\sqrt{2} \end{pmatrix}$.

(3) $ae^x\begin{pmatrix} 1 \\ 1 \end{pmatrix} + be^{-x}\begin{pmatrix} 1 \\ -1 \end{pmatrix}$.   (4) $a\begin{pmatrix} \cos x \\ -\sin x \end{pmatrix} + b\begin{pmatrix} \sin x \\ \cos x \end{pmatrix}$.

(5) $ae^{2x}\begin{pmatrix} 0 \\ 1 \end{pmatrix} + be^{2x}\begin{pmatrix} 1 \\ x \end{pmatrix}$.   (6) $ae^{2x}\begin{pmatrix} 1 \\ 1 \end{pmatrix} + be^{2x}\begin{pmatrix} 2x-1 \\ 2x+1 \end{pmatrix}$.

3. (1) $ax^3\begin{pmatrix} 1 \\ -1 \end{pmatrix} + bx^8\begin{pmatrix} 3 \\ 2 \end{pmatrix}$.   (2) $a\dfrac{1}{x}\begin{pmatrix} 2 \\ -1 \end{pmatrix} + bx^4\begin{pmatrix} 1 \\ 2 \end{pmatrix}$.

(3) $a\dfrac{1}{x}\begin{pmatrix} 1 \\ 1 \end{pmatrix} + b\dfrac{1}{x}\begin{pmatrix} 4\log x - 1 \\ 4\log x + 1 \end{pmatrix}$.   (4) $ax^3\begin{pmatrix} 1 \\ 1 \end{pmatrix} + bx^3\begin{pmatrix} 2\log x - 1 \\ 2\log x + 1 \end{pmatrix}$.

問題 5-4

1. 例題 5-4, 5-5 では $\varDelta = $ 定数，例題 5-6 では $\varDelta \propto e^{4x}$. (ヒント：(5.68) 式を使用せ

よ．それぞれ，$A=\begin{pmatrix}0 & 1 \\ -1 & 0\end{pmatrix}$, $A=\begin{pmatrix}0 & 1/x \\ 1/x & 0\end{pmatrix}$, $A=\begin{pmatrix}4 & 1 \\ -3 & 0\end{pmatrix}$ であるので，tr $A=0, 0, 4$ となる．）

2. (1) $ae^x\begin{pmatrix}1\\1\end{pmatrix}+be^x\begin{pmatrix}2x-1\\2x+1\end{pmatrix}$, $M(x;x')=e^{x-x'}\begin{pmatrix}1-(x-x') & x-x' \\ -(x-x') & 1+(x-x')\end{pmatrix}$.

(2) $ae^x\begin{pmatrix}2\\-1\end{pmatrix}+be^{4x}\begin{pmatrix}1\\1\end{pmatrix}$, $M(x;x')=\dfrac{1}{3}\begin{pmatrix}e^{4(x-x')}+2e^{x-x'} & 2e^{4(x-x')}-2e^{x-x'} \\ e^{4(x-x')}-e^{x-x'} & 2e^{4(x-x')}+e^{x-x'}\end{pmatrix}$.

3. (1) $-e^x\begin{pmatrix}1\\1/4\end{pmatrix}$. (2) $e^{2x}\begin{pmatrix}0\\-1\end{pmatrix}-\dfrac{1}{9}e^x\begin{pmatrix}2+6x\\2-12x\end{pmatrix}$.

第5章演習問題

[1] (1) $ae^{2x}\begin{pmatrix}1\\-1\end{pmatrix}+be^{-2x}\begin{pmatrix}1\\1\end{pmatrix}$. (2) $a\begin{pmatrix}\sin 2x\\ \cos 2x\end{pmatrix}+b\begin{pmatrix}\cos 2x \\ -\sin 2x\end{pmatrix}$.

(3) $ae^{-x}\begin{pmatrix}1\\0\\-2\end{pmatrix}+be^{6x}\begin{pmatrix}3\\0\\1\end{pmatrix}+ce^x\begin{pmatrix}-9/10\\1\\6/5\end{pmatrix}$. (4) $ae^x\begin{pmatrix}1\\0\\0\end{pmatrix}+be^x\begin{pmatrix}x\\1\\1\end{pmatrix}+ce^{-x}\begin{pmatrix}1\\-2\\2\end{pmatrix}$.

[2] (1) $e^{ax}\left[A\begin{pmatrix}1\\0\end{pmatrix}+B\begin{pmatrix}0\\1\end{pmatrix}\right]$. (2) $e^{ax}\left[A\begin{pmatrix}x\\1\end{pmatrix}+B\begin{pmatrix}1\\0\end{pmatrix}\right]$.

(3) $e^{ax}\left[A\begin{pmatrix}ax+1/2\\-x+1/2a\end{pmatrix}+B\begin{pmatrix}a\\-1\end{pmatrix}\right]$. (4) $e^{ax}\left[A\begin{pmatrix}2ax+1/2\\-ax+1/4\end{pmatrix}+B\begin{pmatrix}2\\-1\end{pmatrix}\right]$.

[3] (1) $x=ae^t$, $y=\dfrac{a}{2}e^t+be^{-t}$.

(2) $x=at-t\log t$, $y=at\log t+bt-\dfrac{t}{2}(\log t)^2$.

(3) $x=a\sin\sqrt{2}\,t+b\cos\sqrt{2}\,t+\sin t$, $y=-\dfrac{a}{\sqrt{2}}\cos\sqrt{2}\,t+\dfrac{b}{\sqrt{2}}\sin\sqrt{2}\,t$.

[4] (1) $\begin{pmatrix}y_1\\y_2\end{pmatrix}=ae^{-x}\begin{pmatrix}1\\-1\end{pmatrix}+be^{3x}\begin{pmatrix}1\\1\end{pmatrix}+e^x\begin{pmatrix}1\\-1/2\end{pmatrix}$.

(2) $\begin{pmatrix}y_1\\y_2\end{pmatrix}=e^{2x}\left[a\begin{pmatrix}1\\1\end{pmatrix}+b\begin{pmatrix}x-1/2\\x+1/2\end{pmatrix}\right]+\dfrac{x^2}{4}\begin{pmatrix}1\\-1\end{pmatrix}-\dfrac{x}{4}\begin{pmatrix}1\\1\end{pmatrix}-\dfrac{1}{8}\begin{pmatrix}1\\1\end{pmatrix}$.

(3) $\begin{pmatrix}y_1\\y_2\\y_3\end{pmatrix}=e^{2x}\left[a\begin{pmatrix}x^2/2\\x\\1\end{pmatrix}+b\begin{pmatrix}x\\1\\0\end{pmatrix}+c\begin{pmatrix}1\\0\\0\end{pmatrix}+\begin{pmatrix}x^3/6\\x^2/2\\x\end{pmatrix}\right]$.

[5] (1) q_1, q_2, q_3 がすべて異なる場合

$$N_1=N_0 e^{-q_1 t}, \quad N_2=\dfrac{q_1 N_0}{q_2-q_1}(e^{-q_1 t}-e^{-q_2 t}),$$

$$N_3 = q_1 q_2 N_0 \left[\frac{e^{-q_1 t}}{(q_2-q_1)(q_3-q_1)} + \frac{e^{-q_2 t}}{(q_3-q_2)(q_1-q_2)} + \frac{e^{-q_3 t}}{(q_1-q_3)(q_2-q_3)} \right].$$

(2) $q_1=q_2=q_3=q$ の場合

$$N_1 = N_0 e^{-qt}, \quad N_2 = q N_0 t e^{-qt}, \quad N_3 = q^2 N_0 \frac{t^2}{2} e^{-qt}.$$

(3) $q_2=q_3=q$, $q_1 \neq q$ の場合

$$N_1 = N_0 e^{-q_1 t}, \quad N_2 = \frac{q_1 N_0}{q-q_1} (e^{-q_1 t} - e^{-qt}),$$

$$N_3 = \frac{q q_1 N_0}{(q_1-q)^2} \left[e^{-q_1 t} - \{1+(q-q_1)t\} e^{-qt} \right].$$

(4) $q_3=q_1=q$, $q_2 \neq q$ の場合

$$N_1 = N_0 e^{-qt}, \quad N_2 = \frac{q N_0}{q_2-q} (e^{-qt} - e^{-q_2 t}),$$

$$N_3 = \frac{q q_2 N_0}{(q_2-q)^2} \left[e^{-q_2 t} - \{1+(q-q_2)t\} e^{-qt} \right].$$

(5) $q_1=q_2=q$, $q_3 \neq q$ の場合

$$N_1 = N_0 e^{-qt}, \quad N_2 = q N_0 t e^{-qt},$$

$$N_3 = \frac{q^2 N_0}{(q_3-q)^2} \left[e^{-q_3 t} - \{1+(q-q_3)t\} e^{-qt} \right].$$

[6] 重心座標を $X=(x_1+x_2+x_3)/3$, $P=(p_1+p_2+p_3)/3$ として, $mdX/dt=P$, $dP/dt=0$ から, $P=P_0$, $X=\frac{1}{m}P_0 t + X_0$ (X_0, P_0 は定数) を得る. 重心からのずれを $\tilde{x}$ として,

$$x_1 = X+\tilde{x}_1, \quad x_2 = X+\tilde{x}_2, \quad x_3 = X+\tilde{x}_3$$

とすると, $\tilde{x}_1+\tilde{x}_2+\tilde{x}_3=0$. これを用いて

$$\frac{d^2 \tilde{x}_j}{dt^2} = -3\omega^2 \tilde{x}_j, \quad \omega^2 = \frac{k}{m} \quad (j=1,2,3)$$

を得る. これを解いて $\tilde{x}_j = A_j \sin(\sqrt{3}\,\omega t) + B_j \cos(\sqrt{3}\,\omega t)$. ここで, A_j, B_j を $\sum_{j=1}^{3} \tilde{x}_j = 0$ が自動的に満たされるようにえらぶ. それには, 6個の定数 ($a_1, a_2, a_3; b_1, b_2, b_3$) をくみあわせて, $A_1=a_2-a_3$, $A_2=a_3-a_1$, $A_3=a_1-a_2$, $B_1=b_2-b_3$, $B_2=b_3-b_1$, $B_3=b_1-b_2$ とすればよい. これから,

$$x_1 = X_0 + \frac{1}{m}P_0 t + (a_2-a_3)\sin(\sqrt{3}\,\omega t) + (b_2-b_3)\cos(\sqrt{3}\,\omega t).$$

$$p_1 = P_0 + \sqrt{3}\,m\omega\{(a_2-a_3)\cos(\sqrt{3}\,\omega t) - (b_2-b_3)\sin(\sqrt{3}\,\omega t)\}.$$

$$x_2 = X_0 + \frac{1}{m}P_0 t + (a_3-a_1)\sin(\sqrt{3}\,\omega t) + (b_3-b_1)\cos(\sqrt{3}\,\omega t).$$

$p_2 = P_0 + \sqrt{3}\, m\omega \{(a_3-a_1)\cos(\sqrt{3}\,\omega t)-(b_3-b_1)\sin(\sqrt{3}\,\omega t)\}.$

$x_3 = X_0 + \dfrac{1}{m}P_0 t + (a_1-a_2)\sin(\sqrt{3}\,\omega t)+(b_1-b_2)\cos(\sqrt{3}\,\omega t).$

$p_3 = P_0 + \sqrt{3}\, m\omega \{(a_1-a_2)\cos(\sqrt{3}\,\omega t)-(b_1-b_2)\sin(\sqrt{3}\,\omega t)\}.$

第 6 章

問題 6-1

1. $x - v^2/2g = x_0$(定数). 解軌道は $x=x_0$, $v=0$ を頂点とする放物線群.

2. $x = X\cos(\omega t-\phi) + \dfrac{f}{m}\dfrac{1}{\omega^2-\Omega^2}\sin\Omega t,\ \ v = -\omega X\sin(\omega t-\phi) + \dfrac{f}{m}\dfrac{\Omega}{\omega^2-\Omega^2}\cos\Omega t.$

これらを組み合わせると,
$$(x-\alpha\sin\Omega t)^2 + \dfrac{(v-\Omega\alpha\cos\Omega t)^2}{\omega^2} = X^2, \quad \text{ただし} \quad \alpha = \dfrac{f}{m}\dfrac{1}{\omega^2-\Omega^2}$$
を得る. $(x, v/\omega)$ 面における解軌道は, その中心が楕円軌道 $\left(\alpha\sin\Omega t,\ \dfrac{\Omega}{\omega}\alpha\cos\Omega t\right)$ 上を時計方向に回転しながら, 半径 X の円軌道を描く(下図).

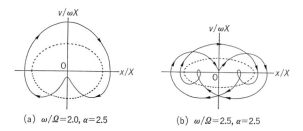

(a) $\omega/\Omega=2.0,\ \alpha=2.5$　　(b) $\omega/\Omega=2.5,\ \alpha=2.5$

問題 6-1, 問 2 の解軌道

問題 6-2

1. (1) $y^2-z^2=$一定(双曲線群). (2) $4y^2+z^2=$一定(楕円群). (3) $3(y-z)^2+(y+z)^2=$一定(楕円群). (4) $3(y-z)^2-(y+z)^2=$一定(双曲線群). (5) $y=Ae^x\cdot\cos(x-\varphi)$, $z=Ae^x\sin(x-\varphi)$; $y=r\cos\theta$, $z=r\sin\theta$ とすると $r=Ae^{\theta+\varphi}$, すなわちベルヌイらせん. (6) $y=Ae^{-x}\cos(2x-\varphi)$, $z=Ae^{-x}\sin(2x-\varphi)$; 極座標を用いれば $r=Ae^{-(\theta+\varphi)/2}$, すなわちベルヌイらせん.

問題 6-3

1. (1) $z_2 = z_1^2/2 + a$ (放物線群). (2) $z_2 = \sin z_1 + a$ (正弦曲線群). (3) $z_2^2 - (2/3)z_1^3 = a$. (4) $z_2^2 - z_1^4/2 = c$.

2. $(0, 0)$, $(-1, 1)$, $(1, 1)$, $(-1, -1)$, $(1, -1)$: 渦心点, $(-1, 0)$, $(0, 1)$, $(0, -1)$, $(1, 0)$: 鞍状点.

解軌道は $(x^2-1)^2 + (y^2-1)^2 = C$ (右図参照).

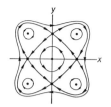

問題 6-3, 問 2 の解軌道

第 6 章演習問題

[1] k を特性方程式の解とすると, (1) $k=1, 4$: 不安定結節点, (2) $k=-1, 5$: 鞍状点, (3) $k=-1, -2$: 安定結節点, (4) $k=2$ (2 重解): 退化結節点, (5) $k=0, 4$: 結節線, (6) $k=\pm i$: 渦心点, (7) $k=2\pm i$: 不安定渦状点, (8) $k=-1\pm\sqrt{3}\,i$: 安定渦状点.

[2] (1) $(0, 0)$: $k=\pm\sqrt{3}\,i$ (渦心点), $(1, 1)$: $k=\pm\sqrt{3}$ (鞍状点).

(2) $(0, 0)$: $k=\pm 1$ (鞍状点), $(-1, -1)$: $k=-2\pm\sqrt{3}$ (安定結節点).

(3) $(0, 0)$: $k=\pm 1$ (鞍状点), $(-1, -1)$: $k=\pm i$ (渦心点).

(4) $(0, 0)$: $k=-2, 3$ (鞍状点), $(3, -3)$: $k=\dfrac{1}{2}\pm\dfrac{\sqrt{23}}{2}i$ (不安定渦状点).

(5) $(0, 0)$: $k=0, 1$ (結節線), $(1, 1)$: $k=\dfrac{1}{2}\pm\dfrac{\sqrt{7}}{2}i$ (不安定渦状点),

$(1, -1)$: $k=-1, 2$ (鞍状点).

(6) $(2n\pi, 0)$: $k=-\dfrac{1}{2}\pm\dfrac{\sqrt{13}}{2}$ (鞍状点), $((2n+1)\pi, 0)$: $k=-\dfrac{1}{2}\pm\dfrac{\sqrt{3}}{2}i$ (安定渦状点). ただし, $n=0, \pm 1, \pm 2, \cdots$.

[3] 平衡点は, $(0, 0)$=不安定点, $(a/b, 0)$=安定点の 2 つであって, 解軌道はこの 2 点を通る放物線(右図).

[4] a, b, c はすべて 0 でないとする. (1) $(0, 0)$: $k=a, -c$ (鞍状点), $\left(\dfrac{c}{b}, \dfrac{a}{b}\right)$: $k=\pm i\sqrt{ac}$ (渦心点). (2) (6.10), (6.11) にならって t を消去して $\dfrac{dy}{dx}=\dfrac{y(bx-c)}{x(a-by)}$ とすると, これは変数分離形であるので積分をして $y^a e^{-by}=Ax^{-c}e^{bx}$ (A は積分定数)を得る. (3) $f(y)=y^a e^{-by}$, $g(x)=Ax^{-c}e^{bx}$ として 1 枚のグラフに描くと図(a)のようになる. このグラフから $f(y)=H$, $g(x)=H$ (H は共通)の解 y_1, y_2, x_1, x_2

問題 [3] の解軌道

を求めて，(x, y) 面上にこれらを座標とする点を打つ（図(b)）．つぎつぎと H を変えて点を求めてこれらを結んでゆくと解軌道が得られる．積分定数 A を変えると，$g(x)$ が図(a)で上下に平行移動するので，異なった解軌道が得られる．$dx/dt = x(a-by)$ から，$y > a/b$ であれば $dx/dt < 0$, $y < a/b$ では $dx/dt > 0$ となるので，解は渦心点のまわりを矢印のように回る．

$a = 0$ のとき．$y = 0$ は結節線．$x < c/b$ であれば安定，$x > c/b$ は不安定である．解軌道は図(b)の曲線を平衡点が x 軸上にあるように平行移動したもので，x 軸上から始まって，上側を回って x 軸上に落ちつく（図(c)）．

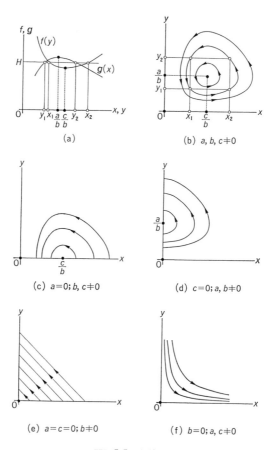

問題 [4] の解軌道

$c=0$ のとき. $x=0$ が結節線(図(d)).
$a=c=0$ のとき. $x=0$, $y=0$ が結節線. 解軌道は $x+y=$ 一定 の直線(図(e)).
$b=0$ のとき. 平衡点は原点のみ. $k=a, -c$ となるので鞍状点(図(f)).
[5] (1) $\left(\dfrac{c}{b}, \dfrac{a}{c}\right)$, $k=-\dfrac{ab}{2c}\left(1\pm\sqrt{1-\dfrac{4c^2}{ab}}\right)$. (i) $4c^2>ab$: 安定渦状点. (ii) $4c^2<ab$: 安定結節点. (iii) $4c^2=ab$: 退化結節点(安定). (2) $x>c/b$ で $dy/dt>0$, $x<c/b$ で $dy/dt<0$. また, 双曲線 $yx=a/b$ の下側では $dx/dt>0$, 上側では $dx/dt<0$ となる. この性質と平衡点の分類から解軌道は下図 (a)〜(c) のようになる.

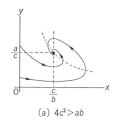
(a) $4c^2>ab$

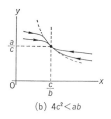
(b) $4c^2<ab$

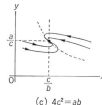
(c) $4c^2=ab$

問題 [5] の解軌道

索引

ア 行

鞍状点　193
安定結節点　192
鞍点　193
一意性　13
一意性定理　188
1次結合　84
1次従属　84, 155, 163
1次独立　84, 155, 163
1パラメーター族　14
一般解　12, 73, 89
n径数族　14
nパラメーター族　14
エネルギー保存則　176
エルミート方程式　138
エントロピー　54
オイラー Euler, L.
　——の公式　76
　——の微分方程式　113

カ 行

解　7, 12
　——の一意性の定理　87
　——の重ね合せの定理　92
解核行列　151
解軌道　150, 174, 182
解曲線　14
解空間　149
階数　11
階数低下　104
解析的　123
解法　14
回路の電気振動　70
ガウスの微分方程式　134
化学反応　26
確定特異点　128
過減衰　82
渦状点　195
渦心点　194
完全微分型　47
完全微分量　53
基本解　85, 103, 107, 148, 156, 164
基本系　85
基本ベクトル　148, 156, 158
級数解　122
級数展開　130
求積法　14

228 ── 索　引

共振　96
共鳴　96
極限閉軌道　203
局所理論　16
クレロー型　61
クレローの方程式　61
クロネッカーのδ記号　167
形式解　122
径数　14
結節線　196
結節点　192
決定方程式　131
減衰振動　6
高階微分方程式　145
勾配　46
固有値　158
固有値方程式　158
固有ベクトル　158

サ　行

サイクル　190
サイクロイド　181
自己増殖過程　4
指数　130
次数　11
時定数　42
終速度　41
収束半径　123
従属変数　11
　──の変換　118
縮退　160
常微分方程式　11
初期条件　13
初期値　13
初期値解　13
　──の一意性　166
初期値問題　13, 149
初等解法　14, 53
助変数　14

自律系　188
自励系　188
正規型　12
整級数　122
整級数展開　120
斉次解　39
　──の一意性　108
斉次方程式　38, 70, 103
正常点　123
正則点　123
跡　165
積分因子　51
積分曲線　14
漸化式　121
線形　11
線形化　43
線形近似　190
全微分　46
相空間　149, 174, 182
増殖率　4
相平面　175
族　14

タ　行

大域理論　17, 182
退化型　196
代入法　93
ダランベール　d'Alembert, J.
　──の階数低下法　104
　──の方程式　63
単振動　5
超幾何関数　136
超幾何級数　136
直交曲線　31
定数係数　70
定数変化法　40, 73, 104
伝染曲線　9
伝染理論　5
同位元素の崩壊過程　4

同次　38
同次型　28
同次型方程式　29
特異解　56
特異性　130
特解　13, 39, 91
特殊解　13
特性方程式　78
独立解　109
独立変数　11
　——の変換　118
トレース　165

ナ 行

2次元平衡点　190
2元連立方程式　147, 154
熱力学　53

ハ 行

パラメーター　14
非正規型　12, 55
非斉次項　38
非斉次方程式　38, 70
　——の解法　93, 110
非線形　11
微分方程式　10
微分方程式論　16
標準形　70, 102
不安定結節点　192
不確定特異点　130
複素指数関数解　75
分離曲線　185
閉軌道　190
平衡点　182

ベクトル表示　144
ベッセルの微分方程式　129
ベルヌイの方程式　43
ベルヌイらせん　35
変数係数　102
変数分離　23
変数分離型　22
変数変換　71
偏微分　46
偏微分方程式　11
崩壊定数　5
包絡線　58
補関数　39

マ, ヤ 行

マルサス径数　4
未知関数　11

余関数　39

ラ 行

ラグランジュの方程式　63
力学系の理論　17, 182
リッカチ方程式　44, 117
リプシッツ連続　58
リミットサイクル　203
臨界減衰　81
レゾルベント行列　151, 157
　——の性質　167
連立微分方程式　143
ロジスティック方程式　5, 206
ロトカ・ボルテラ方程式　204
ロンスキアン　106
ロンスキー行列式　106

矢嶋信男

1930年兵庫県に生まれる．1960年大阪大学大学院理学研究科博士課程修了．名古屋大学プラズマ研究所，京都大学基礎物理学研究所，京都大学工学部数理工学科をへて，1973年から九州大学応用力学研究所教授．1984年から86年まで同研究所長をつとめる．理学博士．専攻，理論物理学．特にプラズマ物理学，非線形波動．本書執筆後の1988年7月12日，出張先の東京にて急逝．

著書：『発展方程式の数値解析』(共著，岩波書店)，『乱流現象の科学』(共著，東京大学出版会)，『物理学の最先端常識 II』(共著，共立出版)など．

理工系の数学入門コース 新装版
常微分方程式

1989 年 1 月 11 日　初版第 1 刷発行
2019 年 2 月 5 日　初版第 37 刷発行
2019 年 11 月 14 日　新装版第 1 刷発行
2025 年 2 月 14 日　新装版第 7 刷発行

著　者　矢嶋信男(やじまのぶお)

発行者　坂本政謙

発行所　株式会社 岩波書店
〒101-8002 東京都千代田区一ツ橋 2-5-5
電話案内 03-5210-4000
https://www.iwanami.co.jp/

印刷・理想社　表紙・精興社　製本・松岳社

Ⓒ 矢嶋輝子 2019
ISBN 978-4-00-029886-5　Printed in Japan

戸田盛和・中嶋貞雄 編
物理入門コース[新装版]
A5 判並製

理工系の学生が物理の基礎を学ぶための理想的なシリーズ．第一線の物理学者が本質を徹底的にかみくだいて説明．詳しい解答つきの例題・問題によって，理解が深まり，計算力が身につく．長年支持されてきた内容はそのまま，薄く，軽く，持ち歩きやすい造本に．

力　　学	戸田盛和	258 頁	2640 円
解析力学	小出昭一郎	192 頁	2530 円
電磁気学 I　電場と磁場	長岡洋介	230 頁	2640 円
電磁気学 II　変動する電磁場	長岡洋介	148 頁	1980 円
量子力学 I　原子と量子	中嶋貞雄	228 頁	2970 円
量子力学 II　基本法則と応用	中嶋貞雄	240 頁	2970 円
熱・統計力学	戸田盛和	234 頁	2750 円
弾性体と流体	恒藤敏彦	264 頁	3410 円
相対性理論	中野董夫	234 頁	3190 円
物理のための数学	和達三樹	288 頁	2860 円

戸田盛和・中嶋貞雄 編
物理入門コース／演習[新装版]
A5 判並製

例解　力学演習	戸田盛和 渡辺慎介	202 頁	3080 円
例解　電磁気学演習	長岡洋介 丹慶勝市	236 頁	3080 円
例解　量子力学演習	中嶋貞雄 吉岡大二郎	222 頁	3520 円
例解　熱・統計力学演習	戸田盛和 市村純	222 頁	3740 円
例解　物理数学演習	和達三樹	196 頁	3520 円

━━━━━ 岩波書店刊 ━━━━━
定価は消費税 10% 込です
2025 年 2 月現在

戸田盛和・広田良吾・和達三樹 編
理工系の数学入門コース
A5 判並製　　　　　　　　　　　[新装版]

学生・教員から長年支持されてきた教科書シリーズの新装版．理工系のどの分野に進む人にとっても必要な数学の基礎をていねいに解説．詳しい解答のついた例題・問題に取り組むことで，計算力・応用力が身につく．

微分積分	和達三樹	270 頁	2970 円
線形代数	戸田盛和／浅野功義	192 頁	2860 円
ベクトル解析	戸田盛和	252 頁	2860 円
常微分方程式	矢嶋信男	244 頁	2970 円
複素関数	表　実	180 頁	2750 円
フーリエ解析	大石進一	234 頁	2860 円
確率・統計	薩摩順吉	236 頁	2750 円
数値計算	川上一郎	218 頁	3080 円

戸田盛和・和達三樹 編
理工系の数学入門コース／演習[新装版]
A5 判並製

微分積分演習	和達三樹／十河　清	292 頁	3850 円
線形代数演習	浅野功義／大関清太	180 頁	3300 円
ベクトル解析演習	戸田盛和／渡辺慎介	194 頁	3080 円
微分方程式演習	和達三樹／矢嶋　徹	238 頁	3520 円
複素関数演習	表　実／迫田誠治	210 頁	3410 円

———— 岩波書店刊 ————
定価は消費税 10％込です
2025 年 2 月現在

新装版 数学読本(全6巻)

松坂和夫著　菊判並製

中学・高校の全範囲をあつかいながら，大学数学の入り口まで独習できるように構成．深く豊かな内容を一貫した流れで解説する．

1	自然数・整数・有理数や無理数・実数などの諸性質，式の計算，方程式の解き方などを解説．	226 頁	定価 2310 円
2	簡単な関数から始め，座標を用いた基本的図形を調べたあと，指数関数・対数関数・三角関数に入る．	238 頁	定価 2640 円
3	ベクトル，複素数を学んでから，空間図形の性質，2 次式で表される図形へと進み，数列に入る．	236 頁	定価 2750 円
4	数列，級数の諸性質など中等数学の足がためをしたのち，順列と組合せ，確率の初歩，微分法へと進む．	280 頁	定価 2970 円
5	前巻にひきつづき微積分法の計算と理論の初歩を解説するが，学校の教科書には見られない豊富な内容をあつかう．	292 頁	定価 2970 円
6	行列と 1 次変換など，線形代数の初歩をあつかい，さらに数論の初歩，集合・論理などの現代数学の基礎概念へ．	228 頁	定価 2530 円

——— 岩波書店刊 ———

定価は消費税 10% 込です
2025 年 2 月現在